中等职业教育课程改革国家规划新教材配套用书

土木工程识图·识图训练

（道路桥梁类）第 2 版

主　编　赵云华

副主编　刘　璇

参　编　卜洁莹　苏贤洁

机 械 工 业 出 版 社

本识图训练与赵云华主编的中等职业教育课程改革国家规划新教材《土木工程识图（道路桥梁类）》第 2 版相配套，主要内容有：道路工程基本制图标准、几何作图、投影的基本知识、形体的投影、轴测投影图、剖面图和断面图、道路路线工程图、桥梁工程图、涵洞工程图、隧道工程图。

本识图训练在编写过程中充分考虑到职业教育的特点及中等职业学校学生的心理特征和认知规律，重点突出读图能力的培养。在这些习题中都插入了配套立体图，这样降低了难度，且能在做题时反复分析立体与投影图之间的关系，在做的过程中潜移默化地提高了空间思维能力。本识图训练增加了阅读道路路线、桥梁、涵洞、隧道工程图等所占比重，采用最新的工程图例，并配置有配套的工程立体示意图，帮助学生读图。习题形式灵活、生动、有趣。

本识图训练可作为中等职业学校道路与桥梁工程施工、市政工程施工等专业识图配套教材，也可作为相关专业的岗位培训教材。

第2版前言

本识图训练的结构、章节层次与赵云华主编的中等职业教育课程改革国家规划新教材《土木工程识图（道路桥梁类）》第2版相配套（第1章没有习题，从第2章开始有）。在编写过程中充分考虑到职业教育的特点及中等职业学校学生的心理特征和认知规律，重点突出读图能力的培养。在习题中都插入了配套立体图，这样降低了难度，且能在做题时反复分析立体与投影图之间的关系，在做题的过程中潜移默化地提高了空间思维能力。本习题集增加了阅读道路路线、桥梁、涵洞、隧道工程图等所占比重，采用最新的工程图例，并配置有配套的立体示意图，帮助学生读图。习题形式灵活、生动、有趣。本习题集与主教材有同样的特色。

本书习题由易到难、由浅入深、难度适中，便于学生对知识点的掌握。选题过程注重实用，注重联系实际，尤其专业制图部分的习题都选自最新的道路桥梁工程图。

本识图训练在内容处理上主要有以下几点说明：

1）习题数量较多，难度由浅入深，应根据学生的具体情况选择相应的习题供学生练习。

2）道路工程图识读（道路路线工程图识读、桥梁工程图识读、涵洞工程图识读、隧道工程图识读）部分是与工程联系最紧密的部分，也是难度比较大的部分，而学生没接触过工程实际，所以我们用了较大的篇幅插入了各种方位的立体图来诠释投影图，希望能给予读者有效的帮助；

3）识图训练中标注"＊"的习题为选做题，各学校可以根据实际情况选择。

本识图训练由赵云华任主编，刘璇任副主编。参加编写的还有卜洁莹、苏贤洁。具体编写分工如下：赵云华编写第5、7、8、9、10、11章，刘璇编写第4、6章，卜洁莹编写第1、2章，苏贤洁编写第3章。

由于作者水平有限，书中不妥之处在所难免，恳请读者批评指正。

编　者

目 录

第 2 章　道路工程基本制图标准

2-1　工程字练习。

钢 筋 混 凝 土 结 构 交 通 建 筑 道 路 桥 梁

料 梁 板 支 柱 桩 设 计 细 部 标 高 中 心 轴

制 图 标 准 线 型 尺 寸 结 构 施 工 原 理 涵

线 附 注 平 立 剖 面 砖 石 干 砌 砂 浆 水 泥

洞 圆 管 盖 板 石 拱 比 例 总 体 布 置 铁 材

隧 道 墩 台 翼 墙 长 仿 宋 体 字 房 屋 填 挖

1

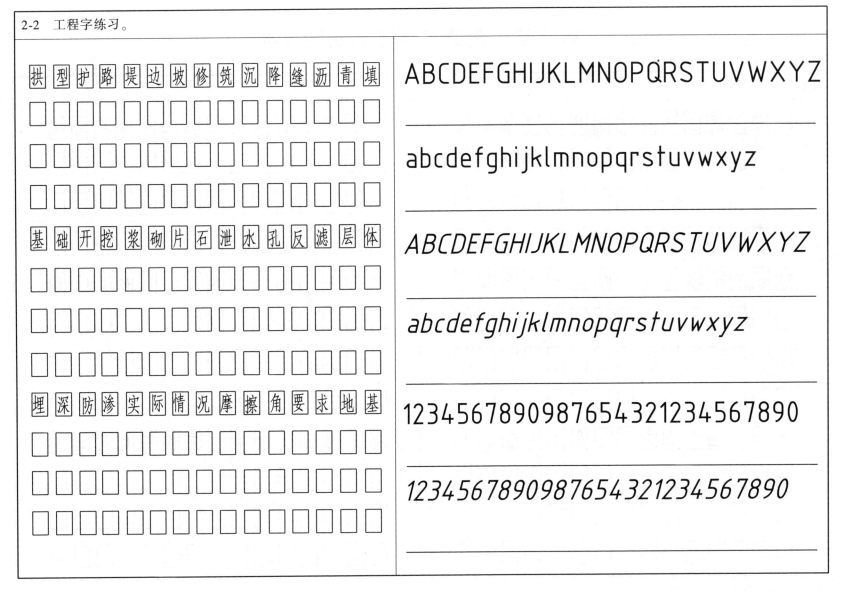

拱 型 护 路 堤 边 坡 修 筑 沉 降 缝 沥 青 填

基 础 开 挖 浆 砌 片 石 泄 水 孔 反 滤 层 体

埋 深 防 渗 实 际 情 况 摩 擦 角 要 求 地 基

ABCDEFGHIJKLMNOPQRSTUVWXYZ

abcdefghijklmnopqrstuvwxyz

ABCDEFGHIJKLMNOPQRSTUVWXYZ

abcdefghijklmnopqrstuvwxyz

1234567890987654321234567890

1234567890987654321234567890

2-3 在下列指定位置分别画出六种图线的水平线。

2-4 以中心线的交点为圆心，过其线上给出的四点，由大到小依次画粗线圆、虚线圆、点划线圆、细实线圆。

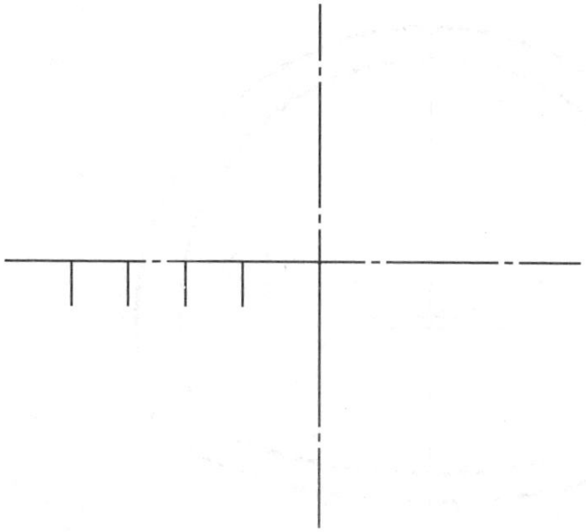

2-5 在下面指定位置抄绘给出的图形（线型要符合规定）。

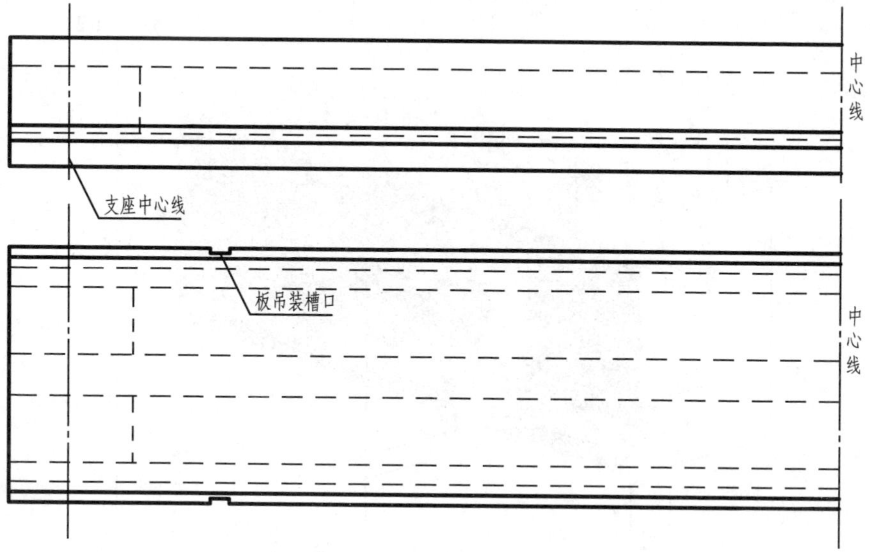

中心线

支座中心线

板吊装槽口

中心线

2-6 根据立体图中给出的尺寸，在平面图上正确标注。

（1）

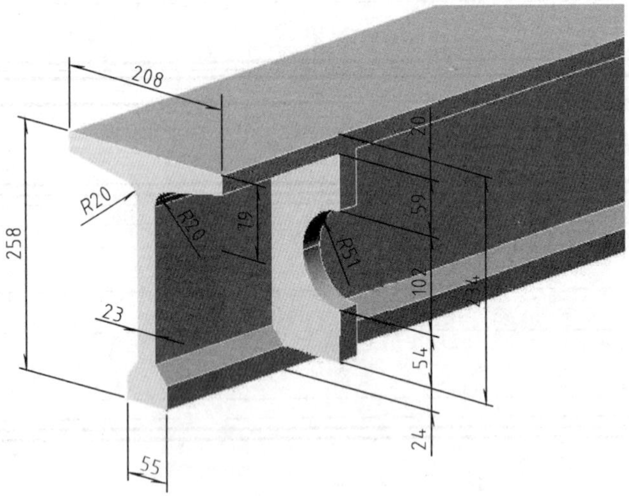

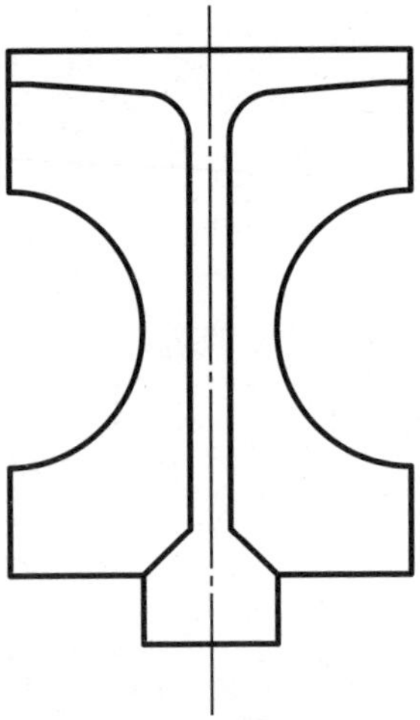

（2）

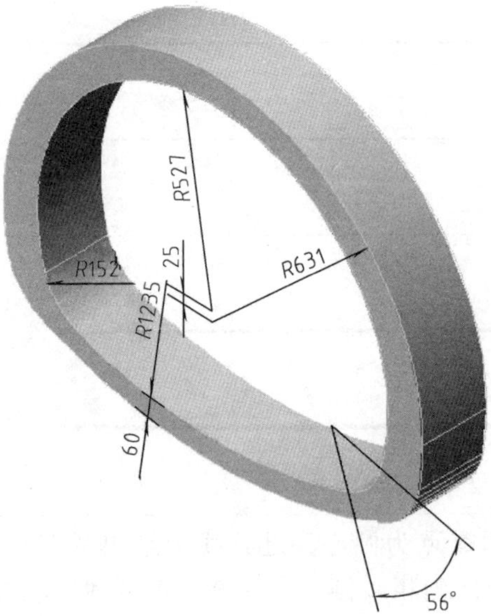

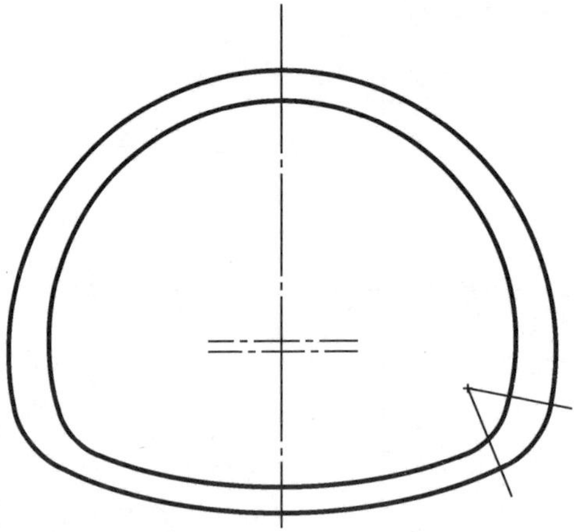

2-7 根据立体图中给出的尺寸，在平面图上正确标注。

（1）

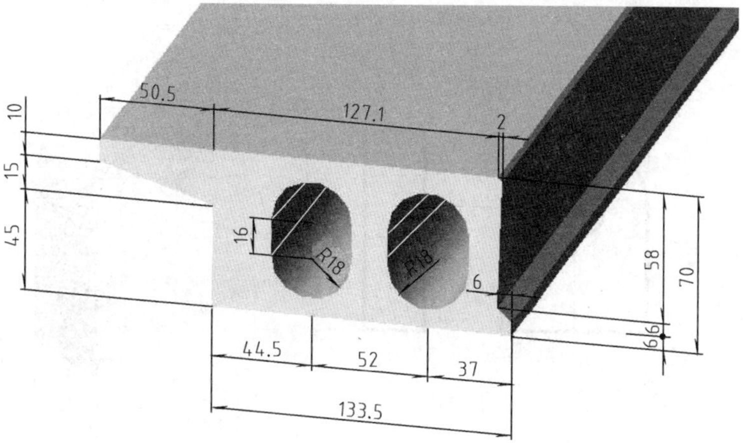

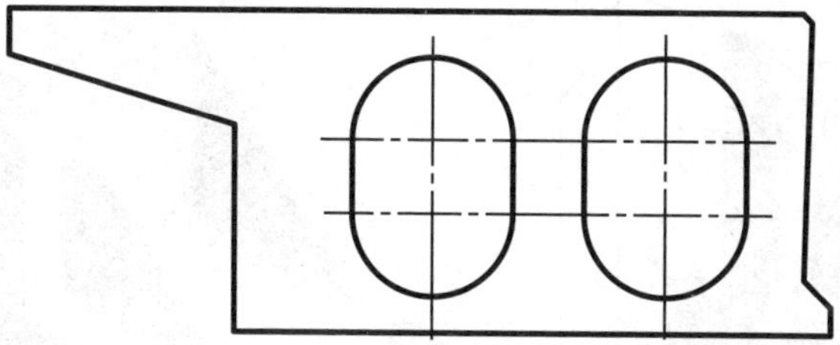

（2）

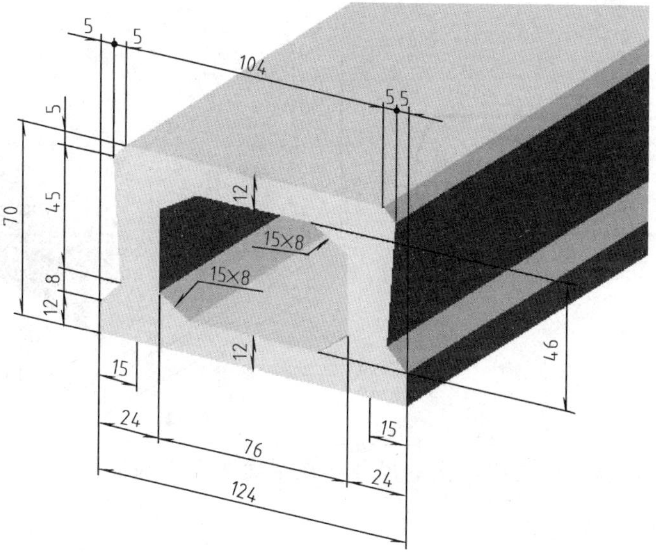

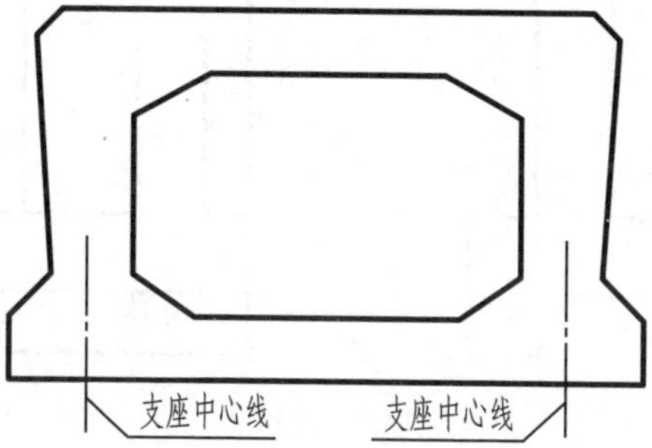

支座中心线　　支座中心线

2-8 根据立体图中给出的尺寸，在平面图上正确标注。

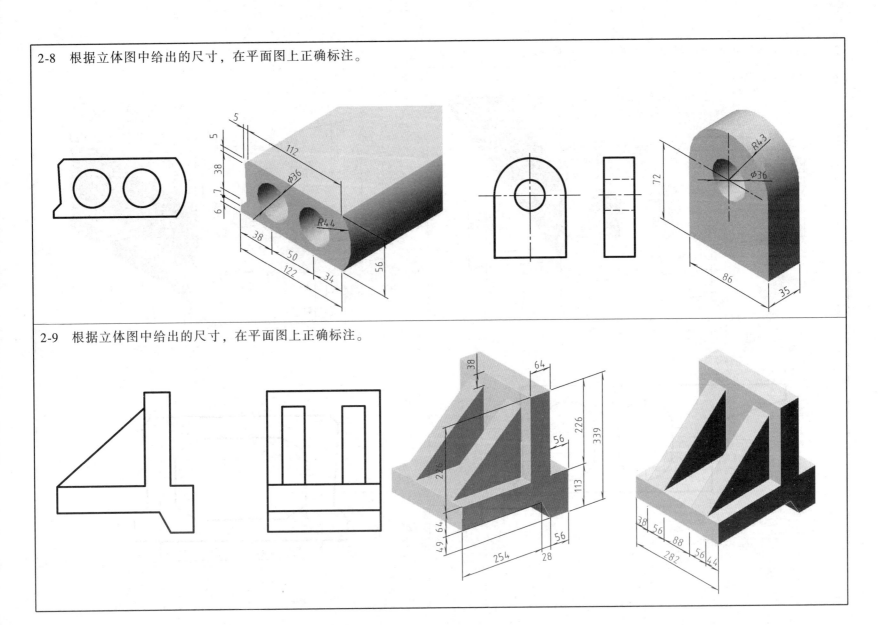

2-9 根据立体图中给出的尺寸，在平面图上正确标注。

第3章 几何作图

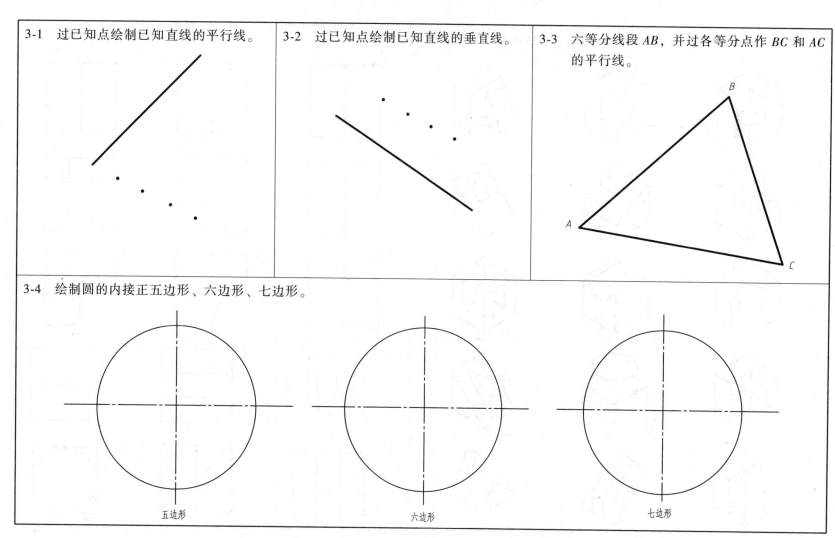

3-1 过已知点绘制已知直线的平行线。

3-2 过已知点绘制已知直线的垂直线。

3-3 六等分线段 *AB*，并过各等分点作 *BC* 和 *AC* 的平行线。

3-4 绘制圆的内接正五边形、六边形、七边形。

五边形

六边形

七边形

第4章 投影的基本知识

4-1 （一）将正确的 H 面投影的图号填入各立体图的括号内。

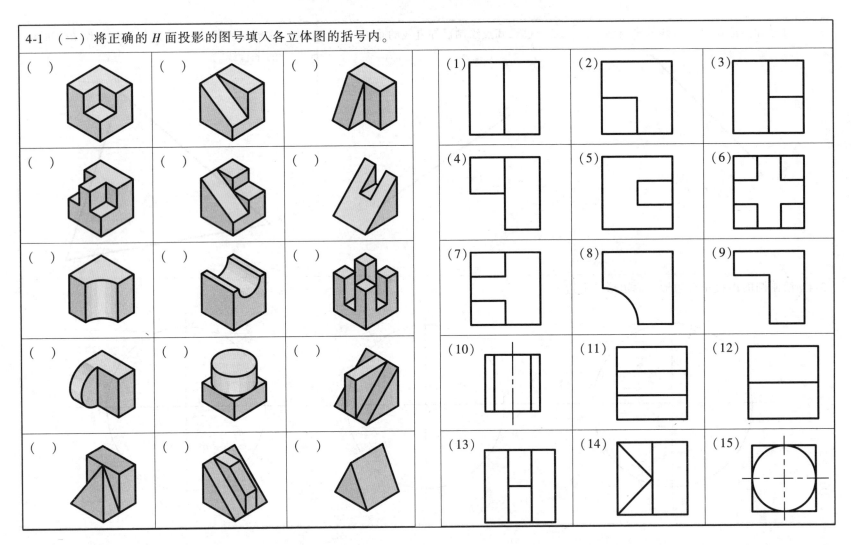

4-1 （二）将正确的 W 面投影的图号填入各立体图的括号内。

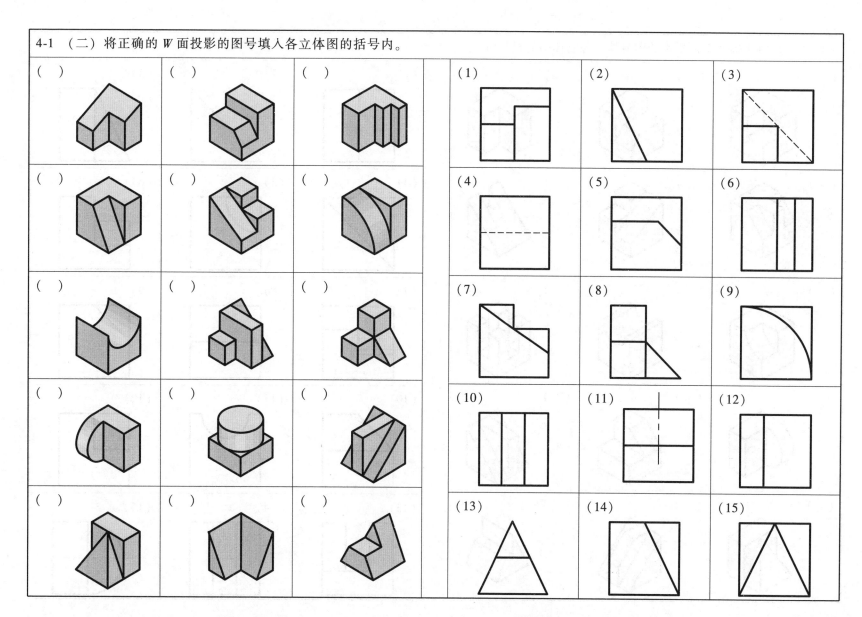

4-1　（三）将正确的 V 面投影的图号填入各立体图的括号内。

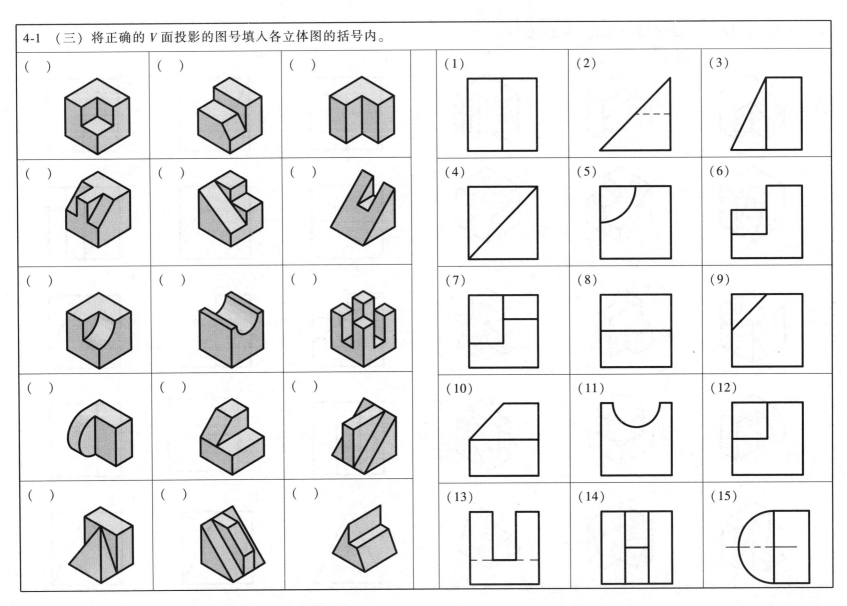

4-2 （一）将正确的 H 面投影的图号填入各立体图的括号内。

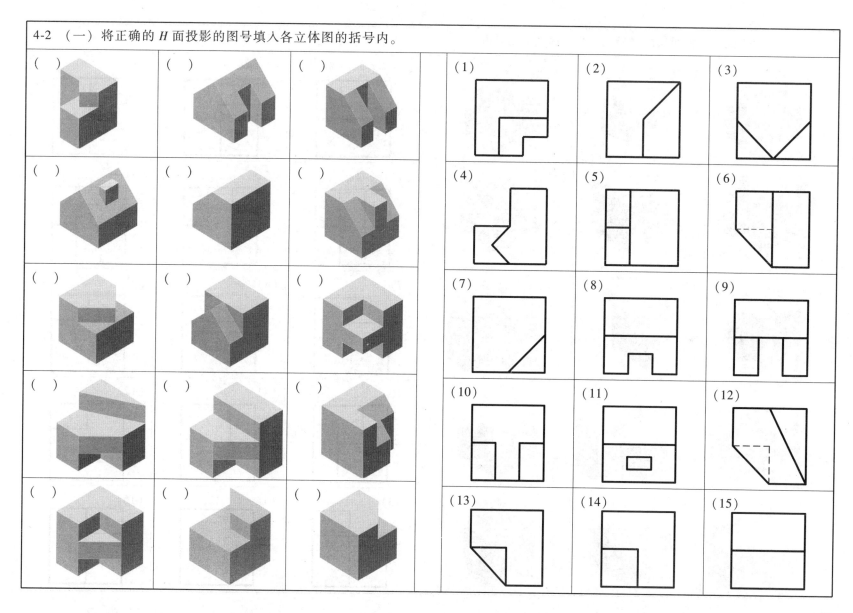

4-2 （二）将正确的 V 面投影的图号填入各立体图的括号内。

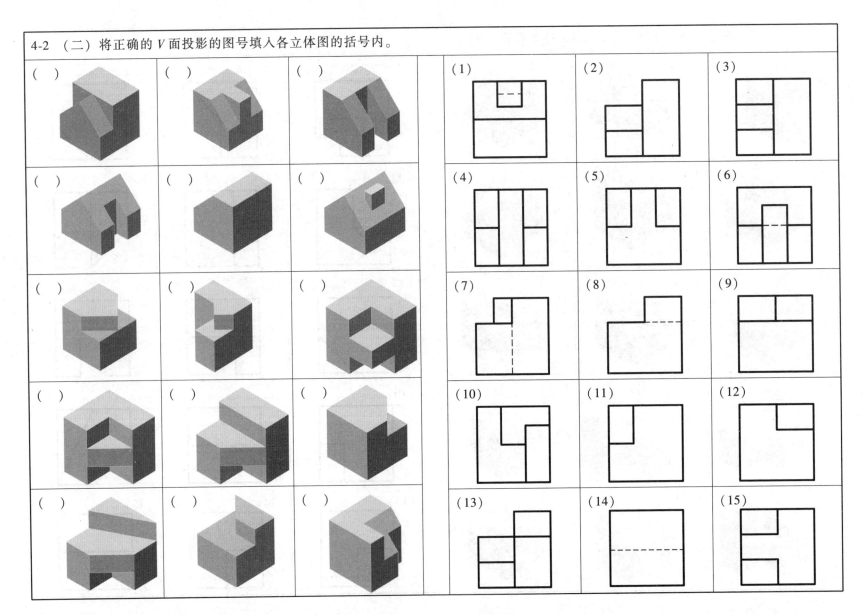

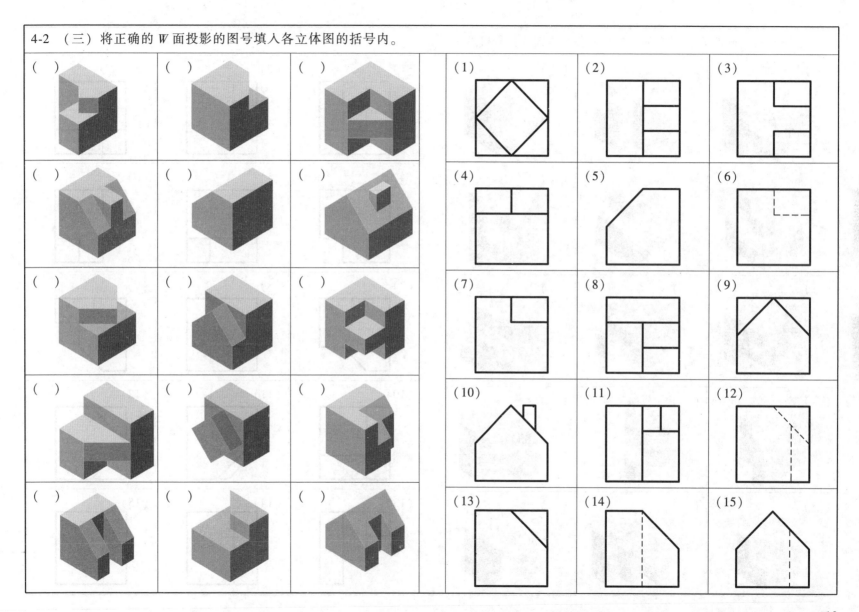

4-3 （一）将正确的 *H* 面投影的图号填入各立体图的括号内。

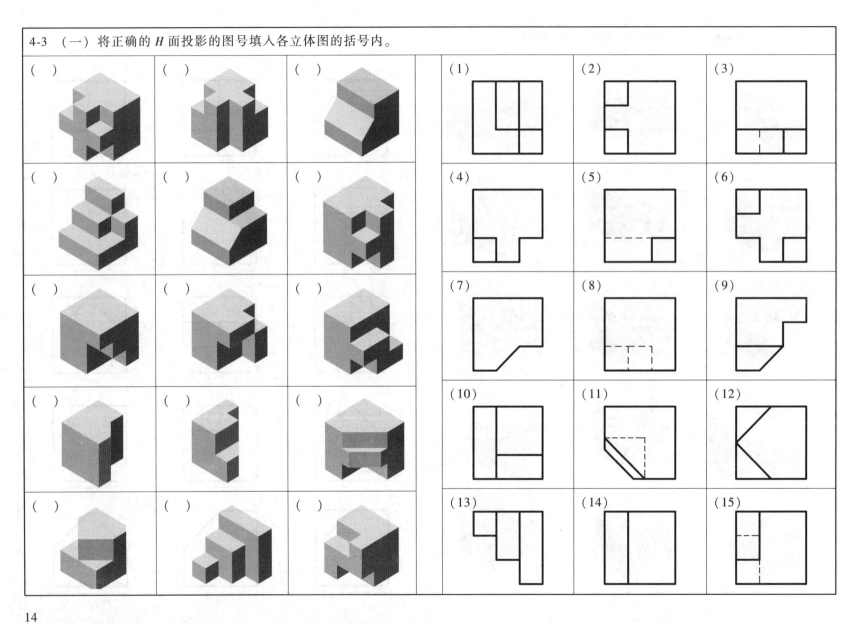

4-3 （二）将正确的 V 面投影的图号填入各立体图的括号内。

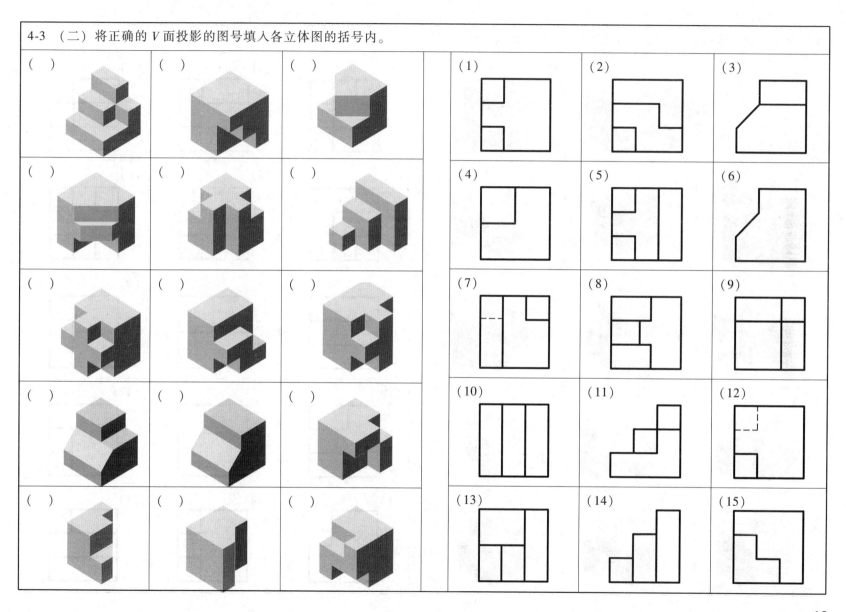

4-3 （三）将正确的 W 面投影的图号填入各立体图的括号内。

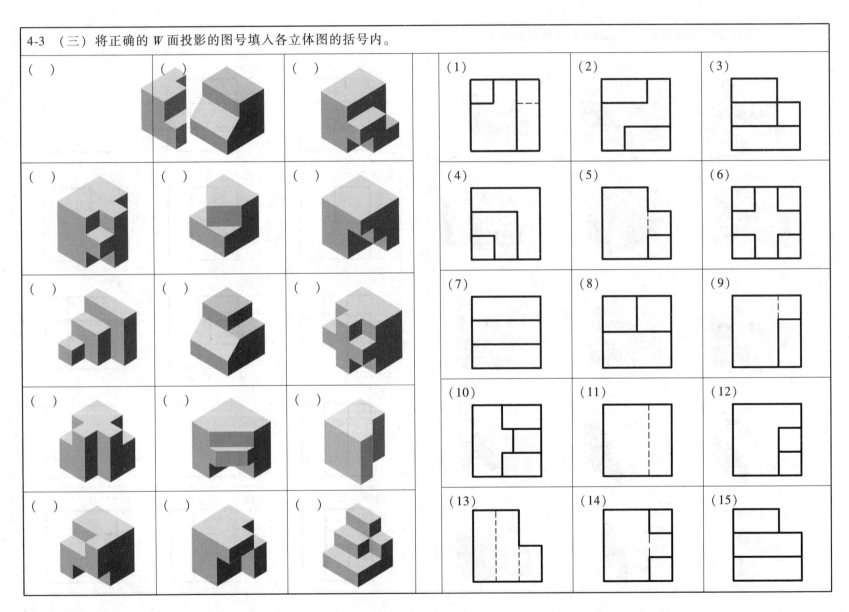

4-4 已知形体的两面投影及其轴测投影，请补画其第三投影。

（1）

（2）

（3）

（4）

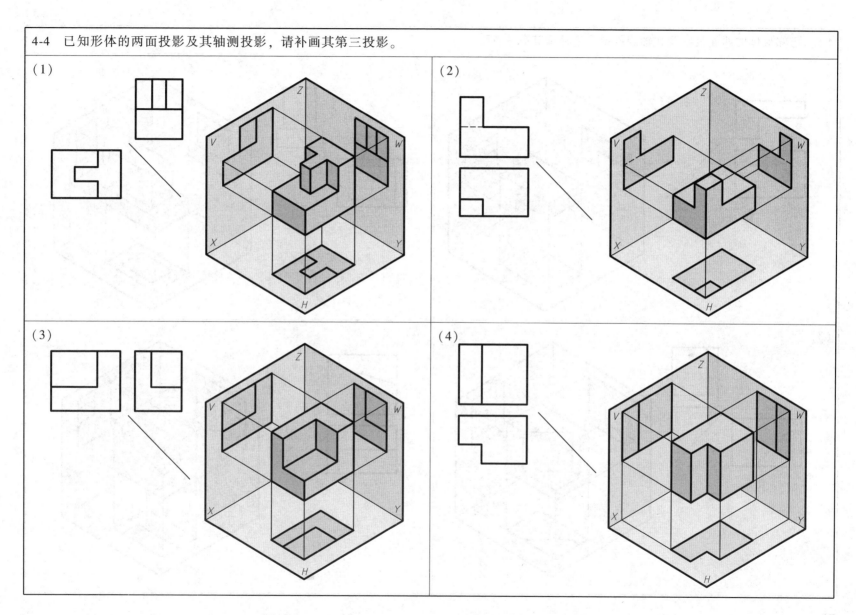

4-5 已知形体的两面投影及其轴测投影，请补画其第三投影。

（1）

（2）

（3）

（4）

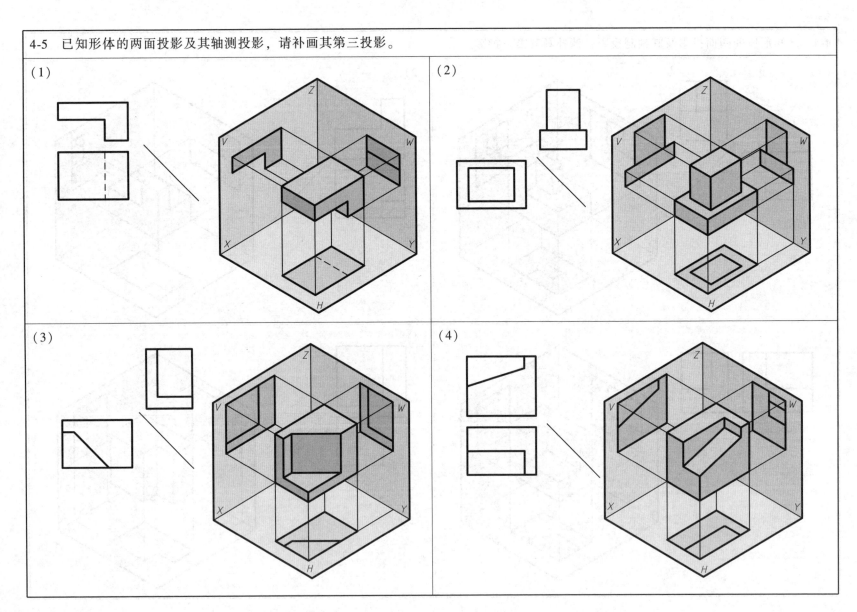

4-6 已知形体的一面投影及其轴测投影，请补画其他两面投影（可从轴侧图上量取尺寸）。

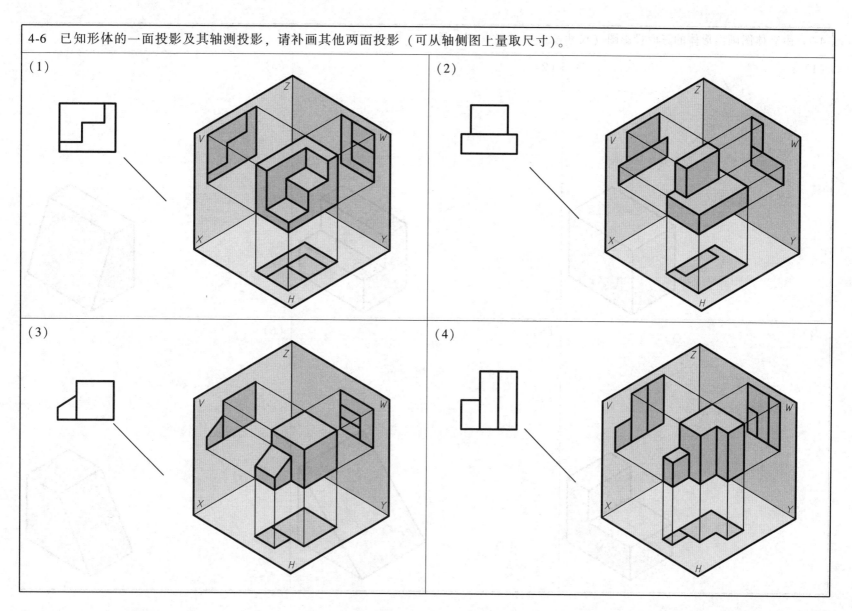

（1）

（2）

（3）

（4）

4-7 由立体图画出形体的三面投影图（尺寸按 1：1 在立体图上量）。

（1）

（2）

（3）

（4）

（5）

（6）

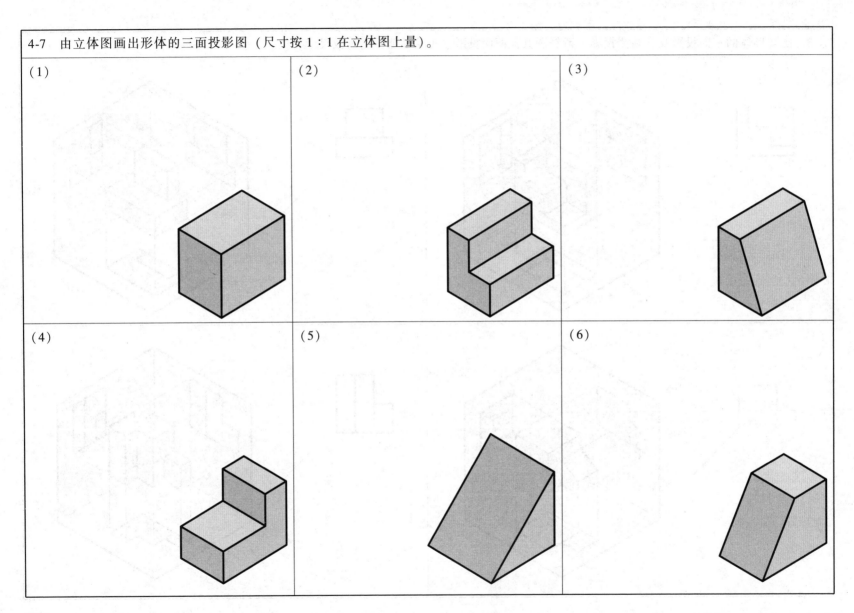

*4-8 由立体图画出形体的三面投影图（尺寸按 1∶1 在立体图上量）。

（1）

（2）

（3）

（4）

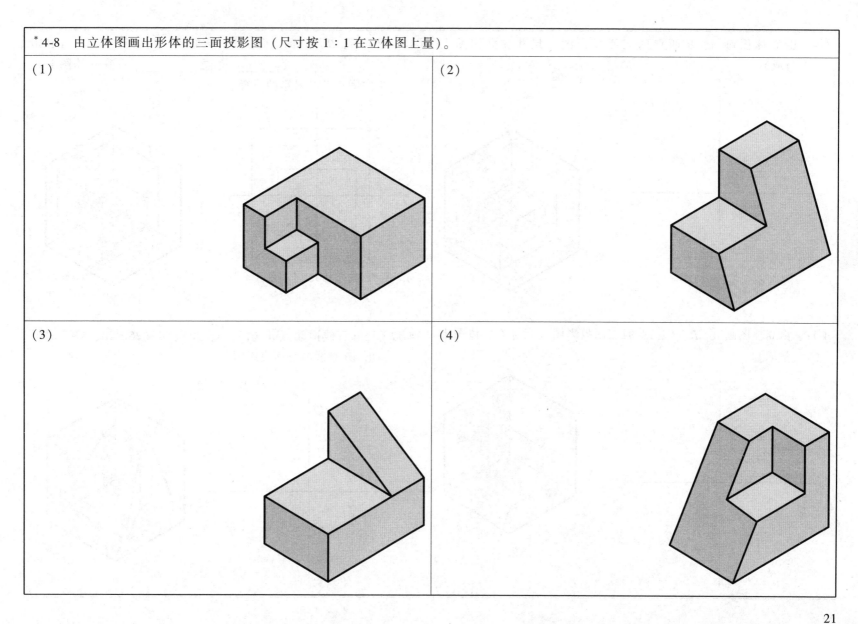

4-9 由立体图画 *A*、*B* 两点的三面投影图（尺寸在立体图上量取）。

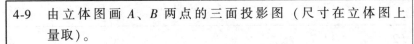

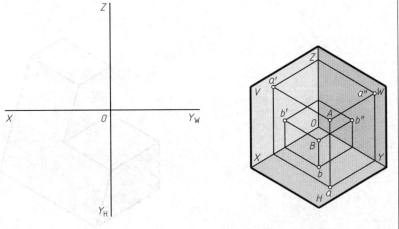

4-10 已知 *A*、*B* 两点的三面投影，判断 *A*、*B* 两点的位置。*A* 在 *B* 点之_____、之_____、之_____，并在立体图上注出空间点及其投影的位置。

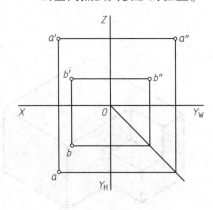

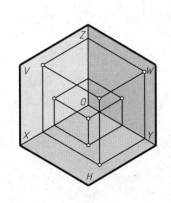

4-11 由立体图画 *A*、*B*、*C* 三点的三面投影图（尺寸在立体图上量取）。

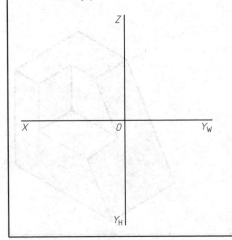

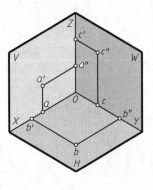

* 4-12 已知直线两端点 *A*（15、5、20）、*B*（25、20、5），试画出 *AB* 直线的三面投影图。

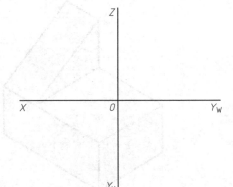

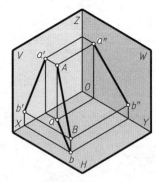

4-13 已知长方体及其表面上直线的立体图，且已画出了每条直线的两面投影，判断每条直线与投影面的相对位置（什么位置直线）并填在图下面；完成第三面投影；指出反映实长的投影；指出直线与指定投影面的距离。

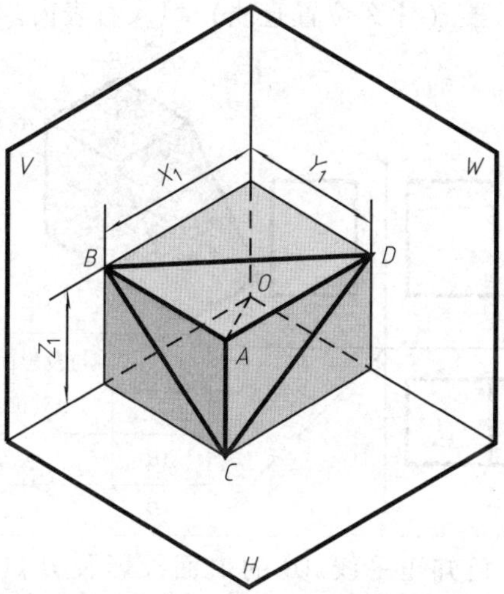

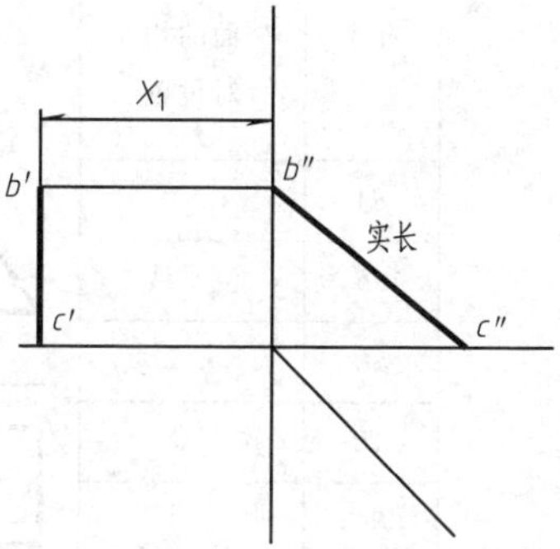

侧平线 ___ 与 W 面的距离 X_1 。

a)

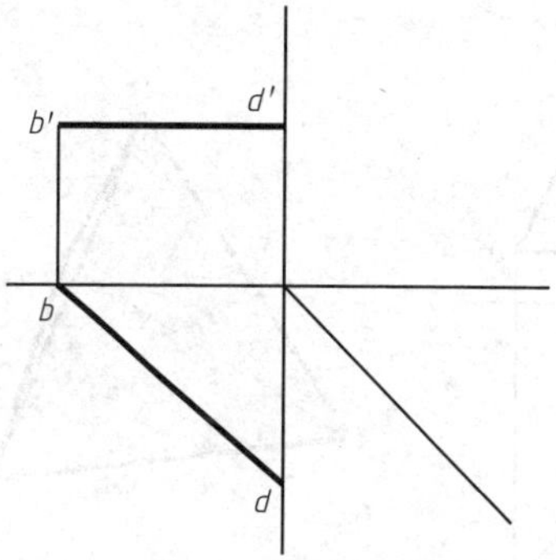

___ 线 与 H 面的距离 ___ 。

b)

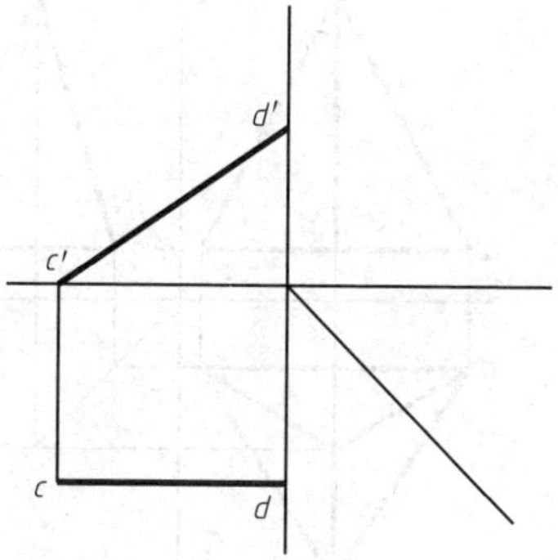

___ 线 与 V 面的距离 ___ 。

c)

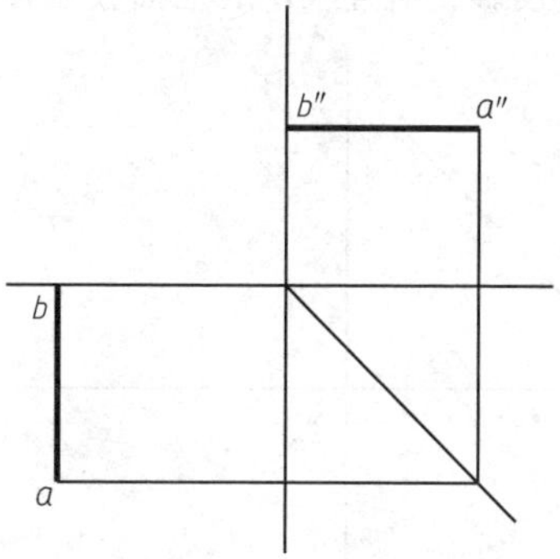

___ 线 与 H 面的距离 ___ 。
与 W 面的距离 ___ 。

d)

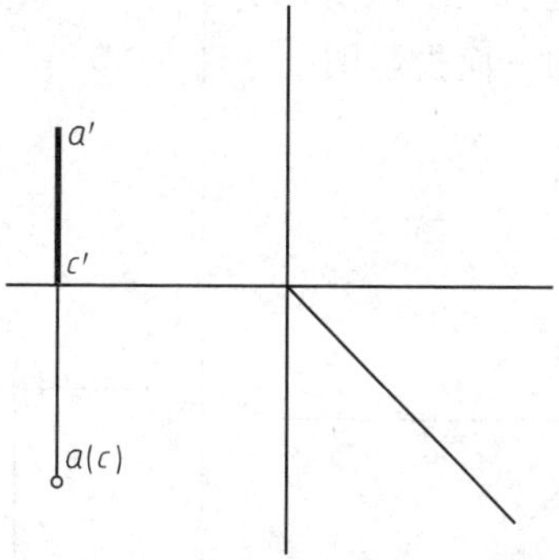

___ 线 与 W 面的距离 ___ 。
与 V 面的距离 ___ 。

e)

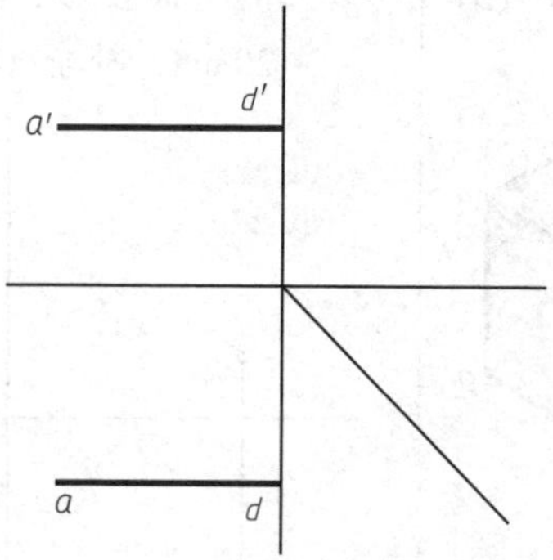

___ 线 与 V 面的距离 ___ 。
与 H 面的距离 ___ 。

f)

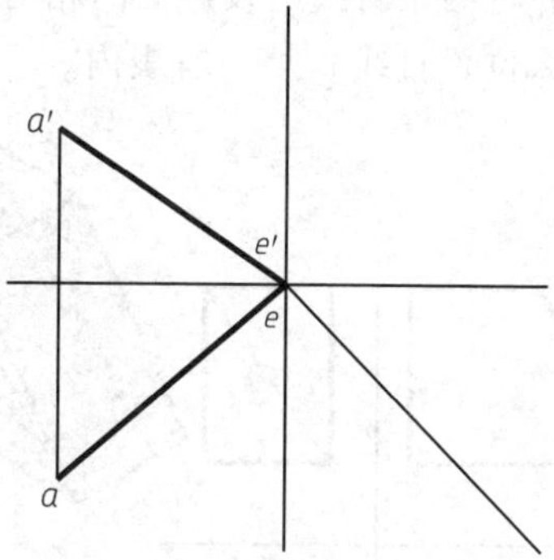

___ 线

g)

23

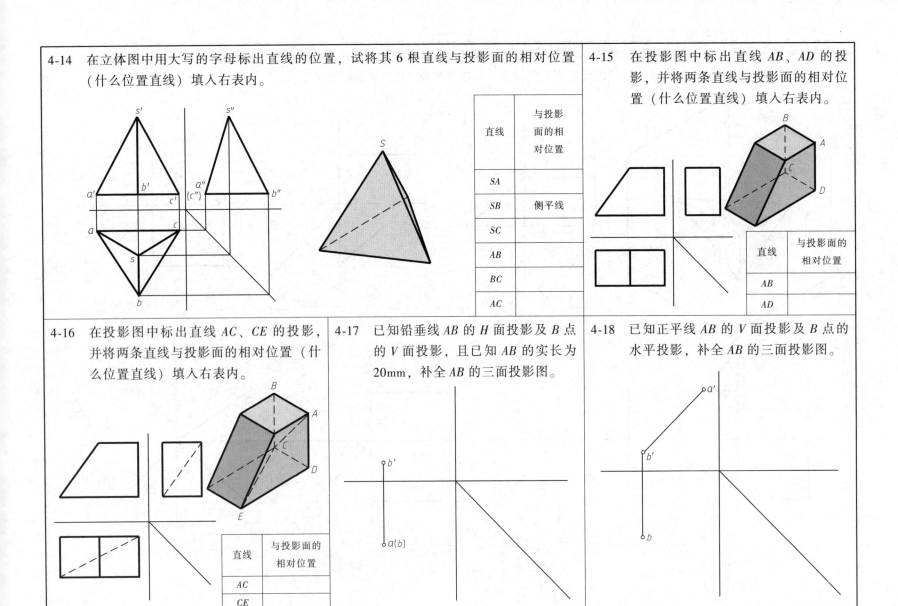

4-14 在立体图中用大写的字母标出直线的位置，试将其 6 根直线与投影面的相对位置（什么位置直线）填入右表内。

直线	与投影面的相对位置
SA	
SB	侧平线
SC	
AB	
BC	
AC	

4-15 在投影图中标出直线 *AB*、*AD* 的投影，并将两条直线与投影面的相对位置（什么位置直线）填入右表内。

直线	与投影面的相对位置
AB	
AD	

4-16 在投影图中标出直线 *AC*、*CE* 的投影，并将两条直线与投影面的相对位置（什么位置直线）填入右表内。

直线	与投影面的相对位置
AC	
CE	

4-17 已知铅垂线 *AB* 的 *H* 面投影及 *B* 点的 *V* 面投影，且已知 *AB* 的实长为 20mm，补全 *AB* 的三面投影图。

4-18 已知正平线 *AB* 的 *V* 面投影及 *B* 点的水平投影，补全 *AB* 的三面投影图。

*4-19 试判断两直线 AB、CD 的相对位置。

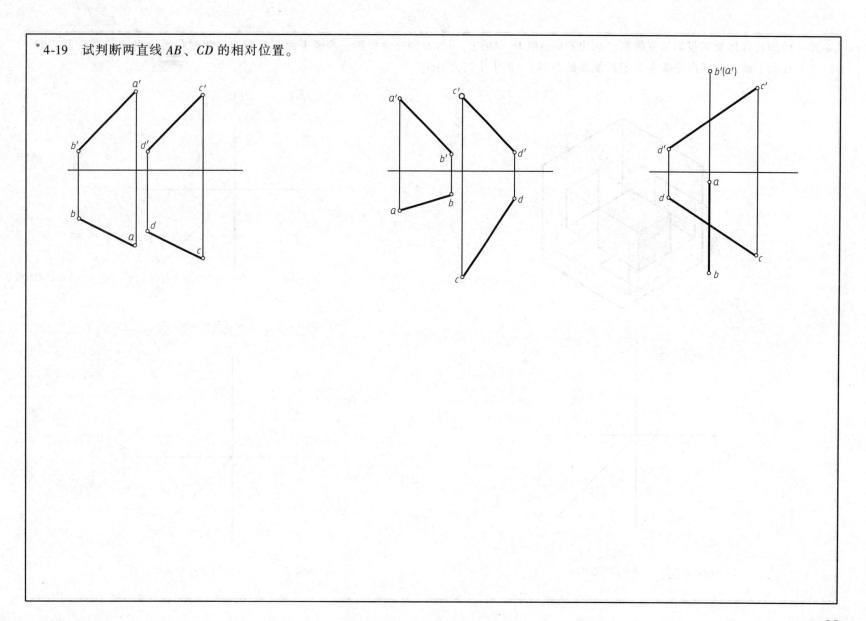

4-20 已知长方体及其投影的立体图，画出平面 *ABCD*、*ADFE*、*ABGE* 的三面投影，判断平面与投影面的相对位置（什么位置平面）填在图下面，并指出平面与指定投影面的距离。(图中单位为 mm)

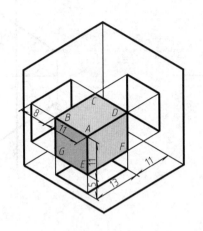

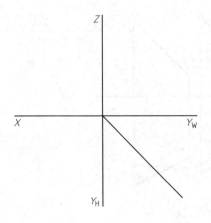

a) *ABCD* 为_____面，与 *H* 面的距离_____。

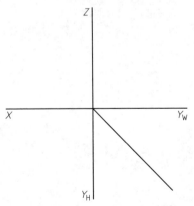

b) *ADFE* 为_____面，与 *V* 面的距离_____。

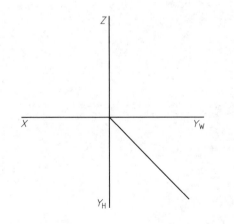

c) *ABGE* 为_____面，与 *W* 面的距离_____。

4-21 画出平面 *CDEF* 的三面投影，判断平面与投影面的相对位置（什么位置平面）填在图下面。（图中单位为 mm）

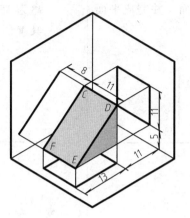

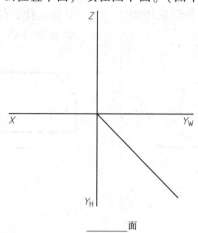

_____面

4-22 画出平面 *ABCD* 三面投影，判断平面与投影面的相对位置（什么位置平面）填在图下面。（图中单位为 mm）

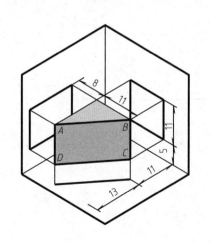

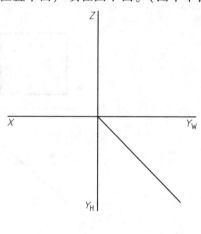

_____面

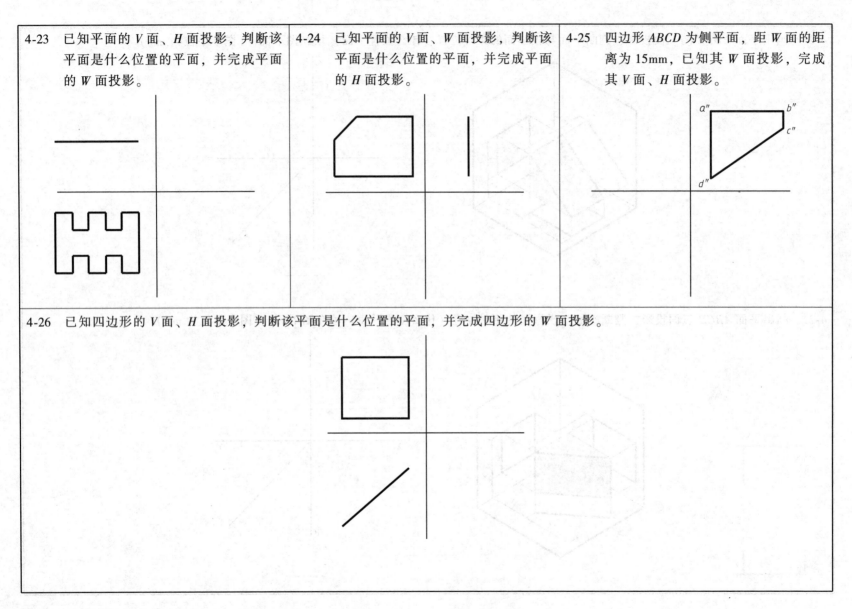

4-23 已知平面的 V 面、H 面投影，判断该平面是什么位置的平面，并完成平面的 W 面投影。

4-24 已知平面的 V 面、W 面投影，判断该平面是什么位置的平面，并完成平面的 H 面投影。

4-25 四边形 ABCD 为侧平面，距 W 面的距离为 15mm，已知其 W 面投影，完成其 V 面、H 面投影。

a″　b″
　　c″
d″

4-26 已知四边形的 V 面、H 面投影，判断该平面是什么位置的平面，并完成四边形的 W 面投影。

28

第5章 形体的投影

5-1 补全下列三面投影图中所缺线条。

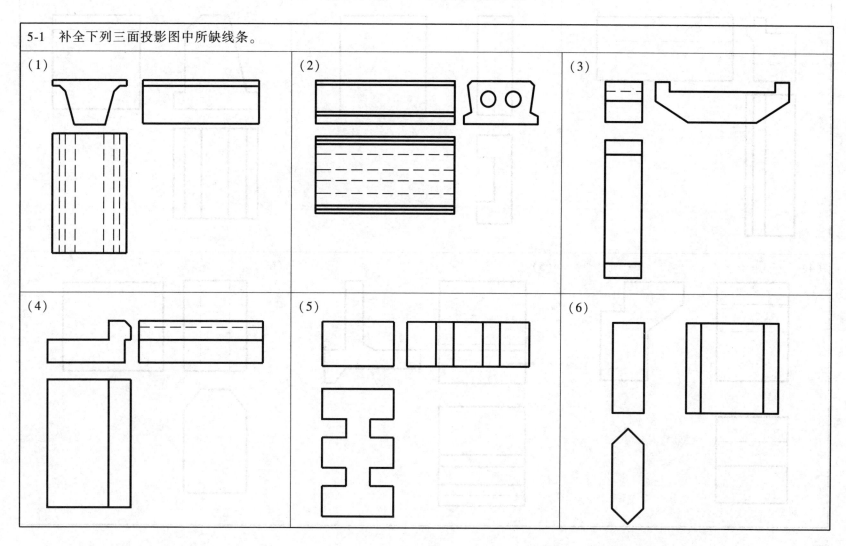

5-2 补全下列三面投影图中所缺线条。

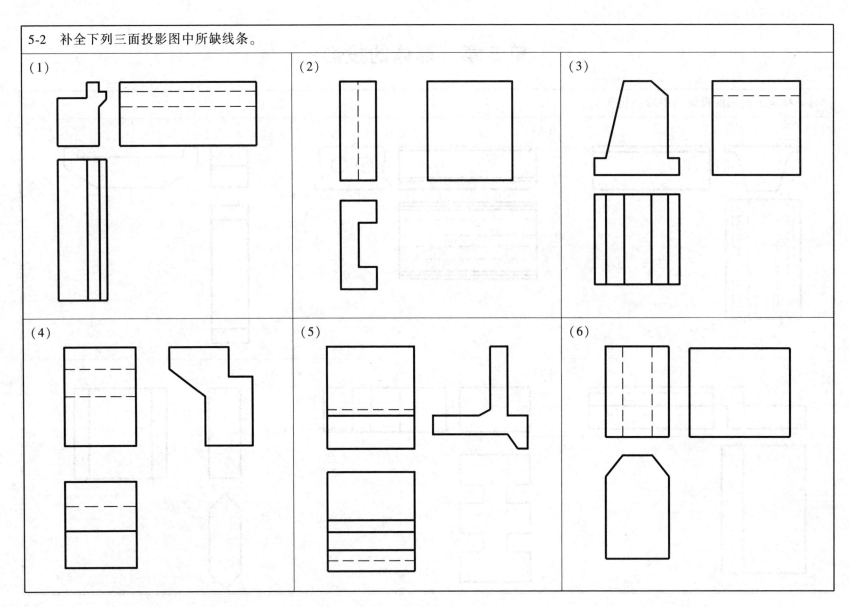

5-3 完成棱柱体的三面投影。

（1）

（2）

（3）

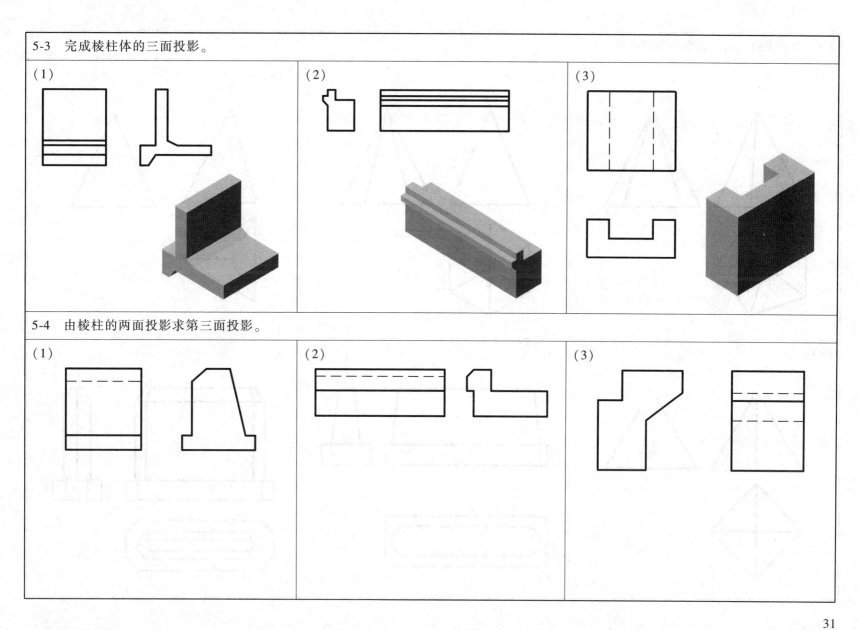

5-4 由棱柱的两面投影求第三面投影。

（1）

（2）

（3）

（1）

（2）

（3）

（4）

（5）

（6）

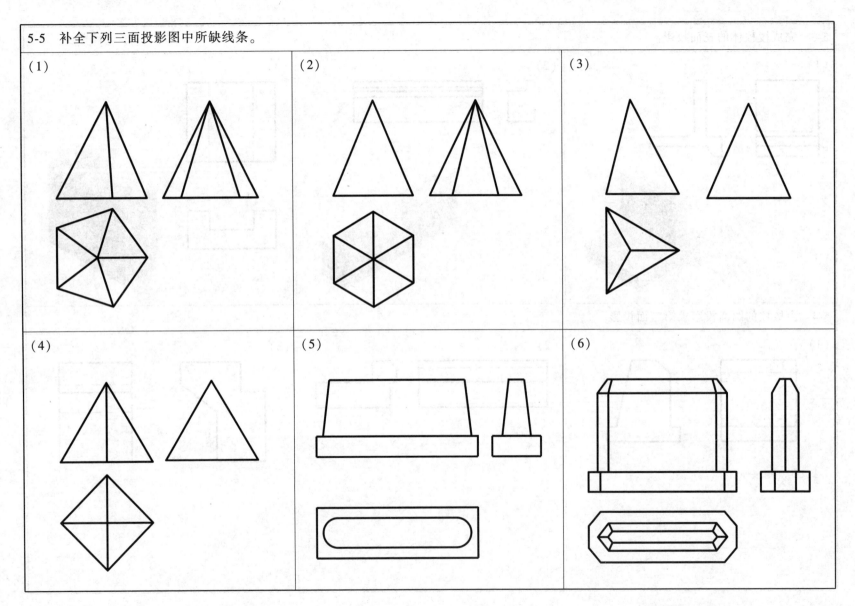

5-6 完成棱柱体的投影。

（1）

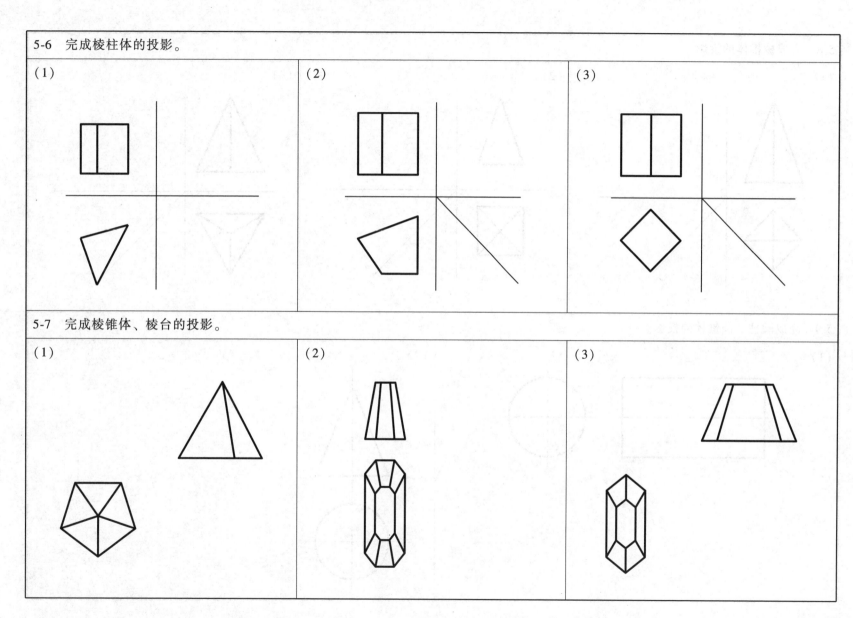

（2）

（3）

5-7 完成棱锥体、棱台的投影。

（1）

（2）

（3）

33

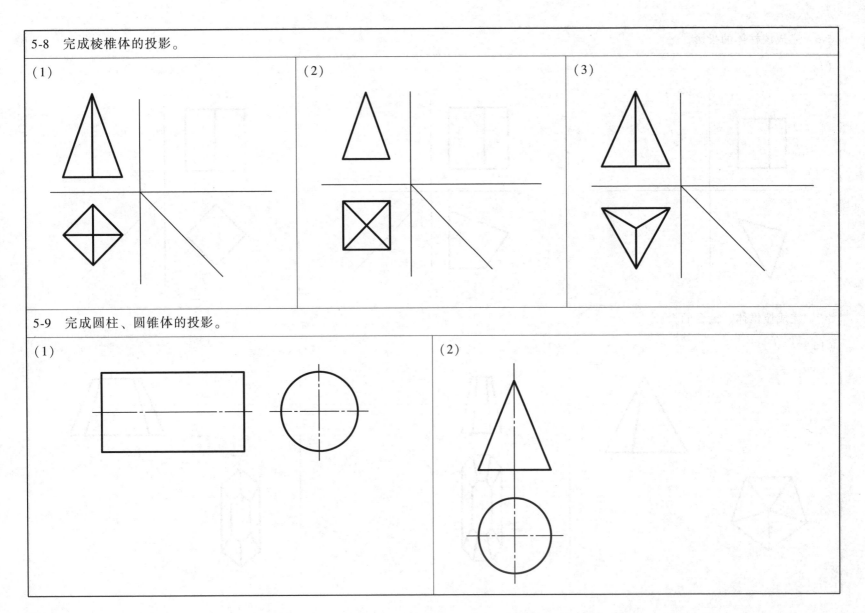

5-8 完成棱椎体的投影。

（1）

（2）

（3）

5-9 完成圆柱、圆锥体的投影。

（1）

（2）

34

5-10 完成下列组合体的三面投影图（比例 1∶1）。

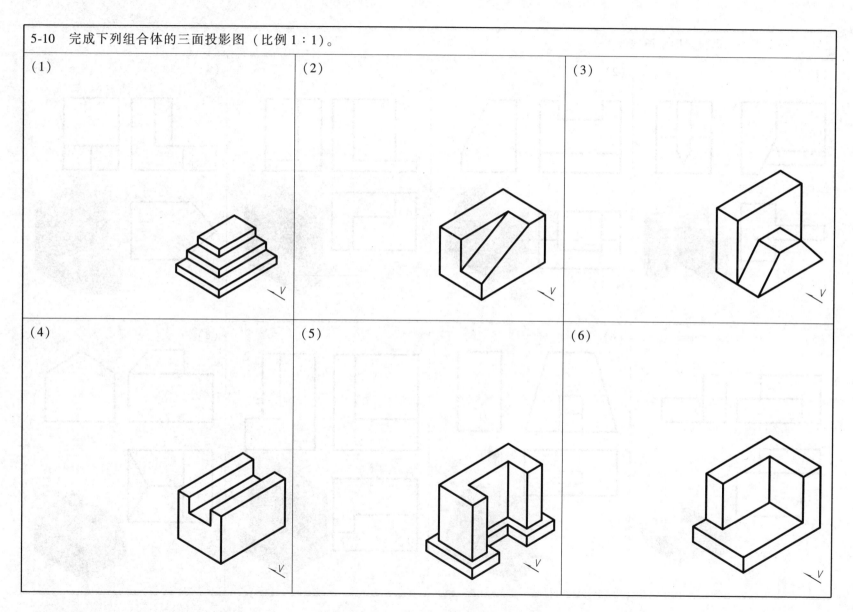

(1)

(2)

(3)

(4)

(5)

(6)

5-11 补全下列三面投影图中所缺线条。

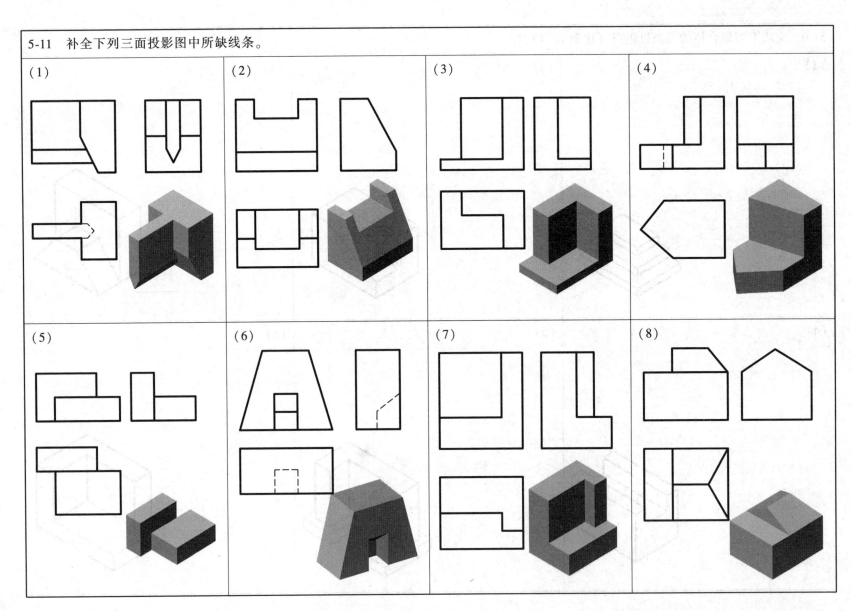

5-12 补全下列三面投影图中所缺线条。

（1）

（2）

（3）

（4）

（5）

（6）

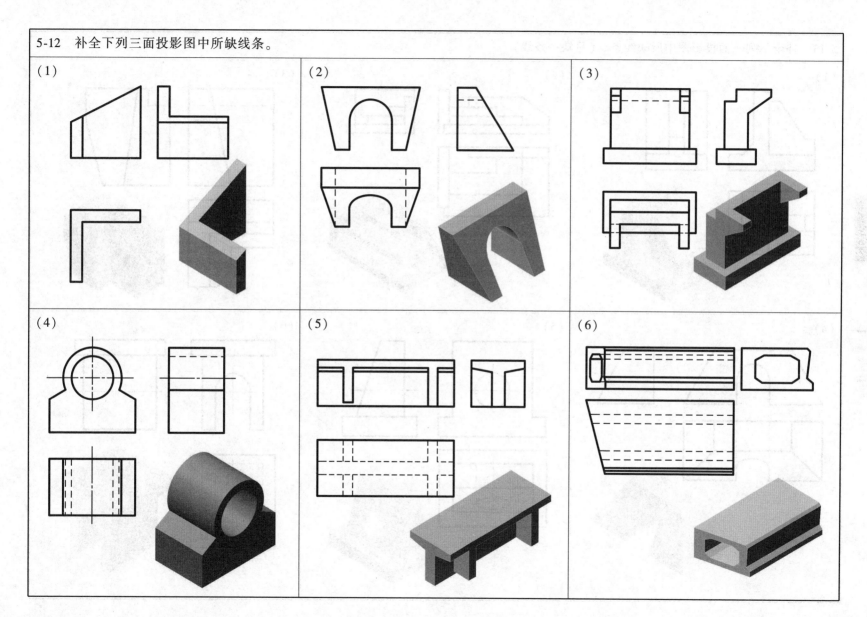

5-13 补全下列三面投影图中所缺线条。(只缺一条线)

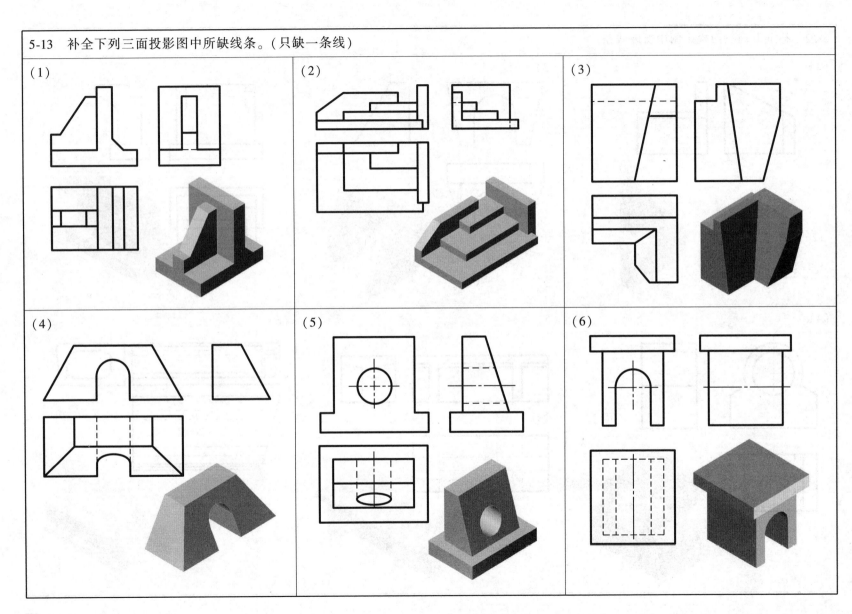

（1）

（2）

（3）

（4）

（5）

（6）

*5-14 补全下列三面投影图中所缺线条。(只缺一条线)

(1)

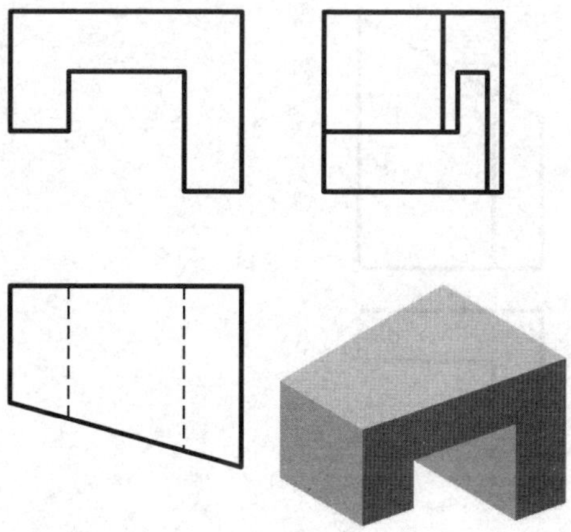

(2)

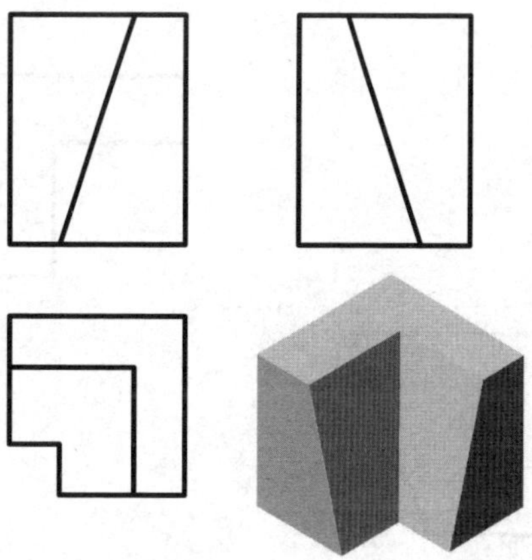

(3)

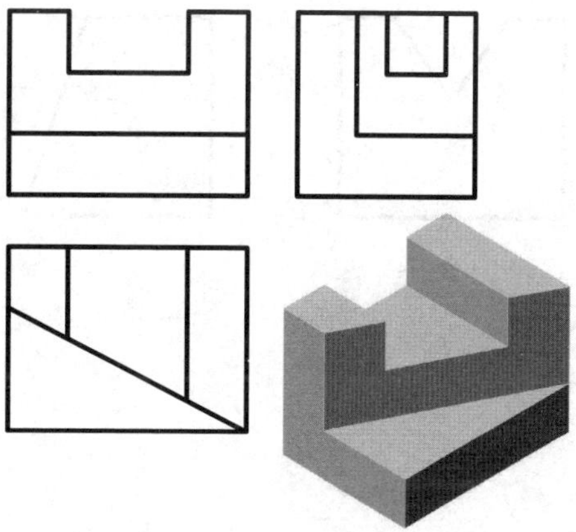

(4)

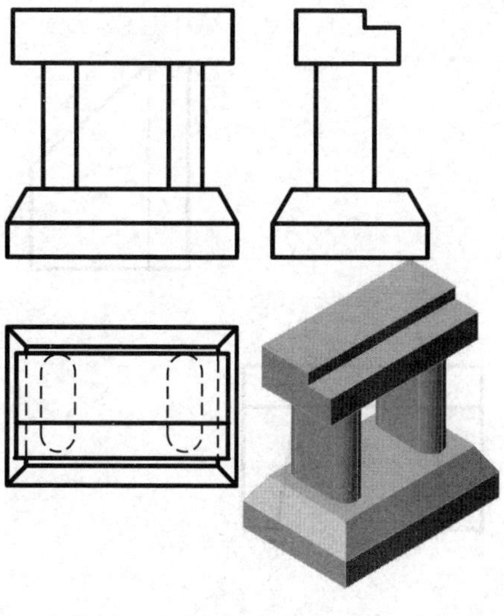

(5)

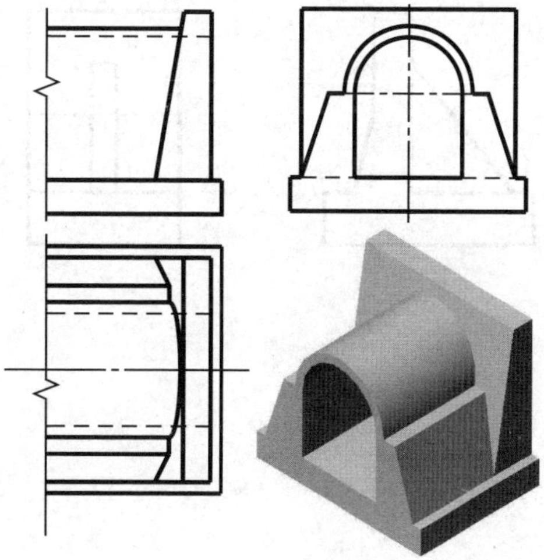

(6)

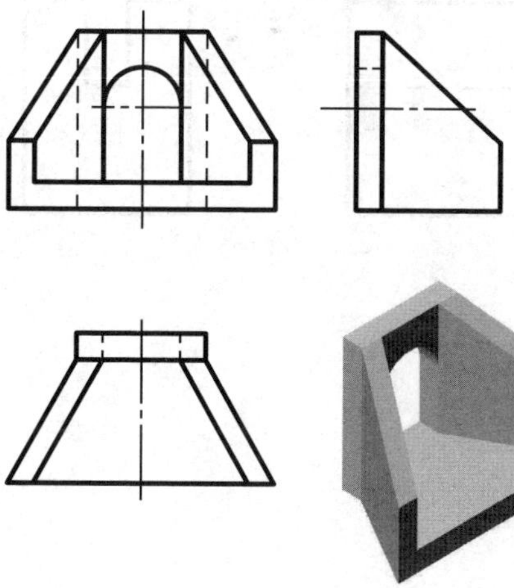

（1）

（2）

（3）

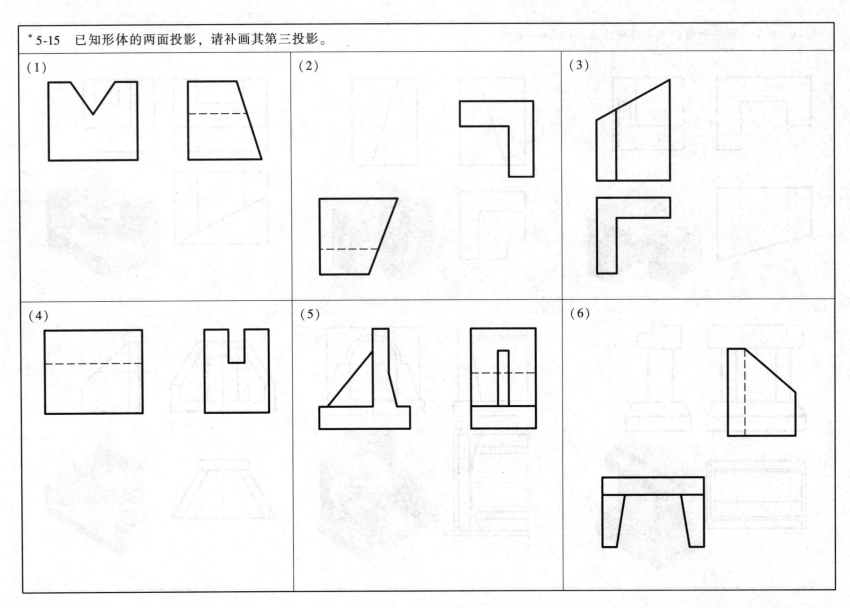

（4）

（5）

（6）

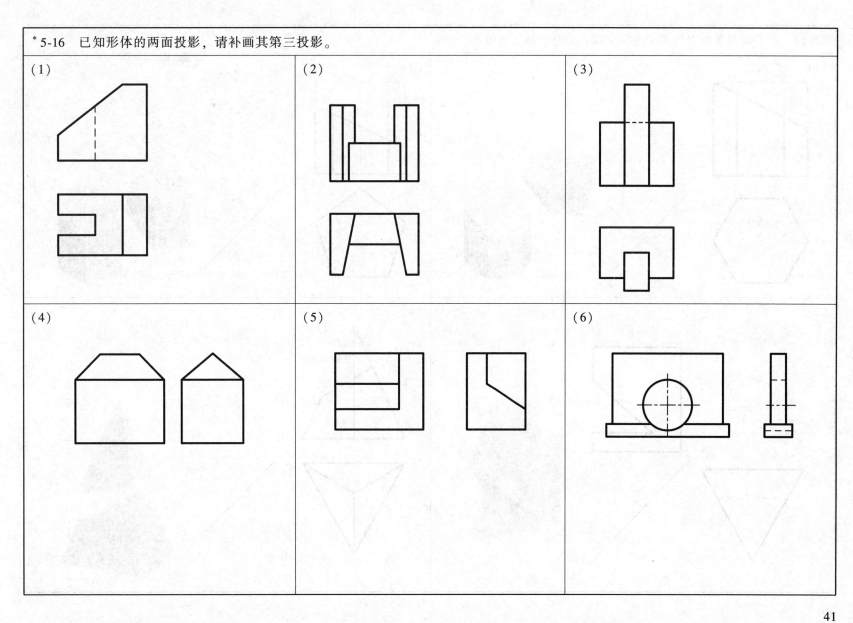

*5-16 已知形体的两面投影，请补画其第三投影。

（1）

（2）

（3）

（4）

（5）

（6）

41

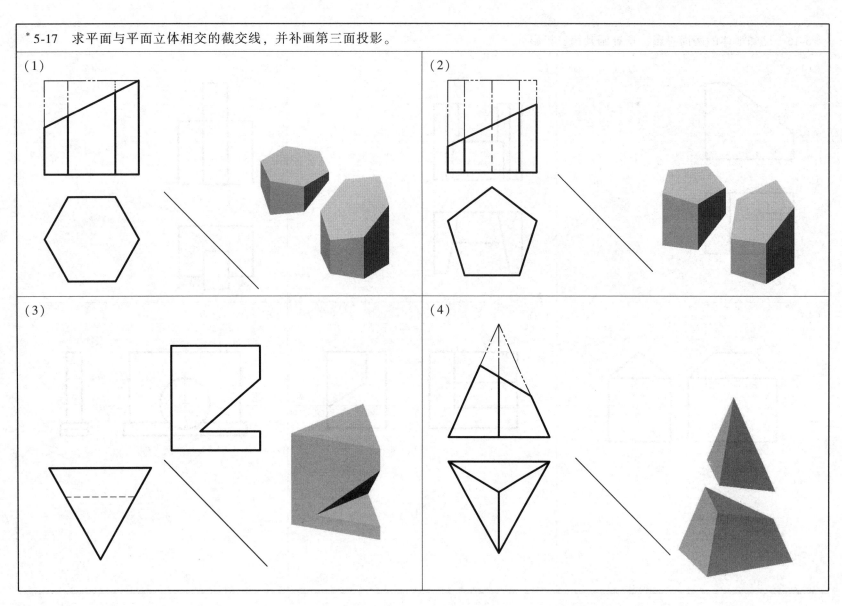

* 5-17 求平面与平面立体相交的截交线，并补画第三面投影。

（1）

（2）

（3）

（4）

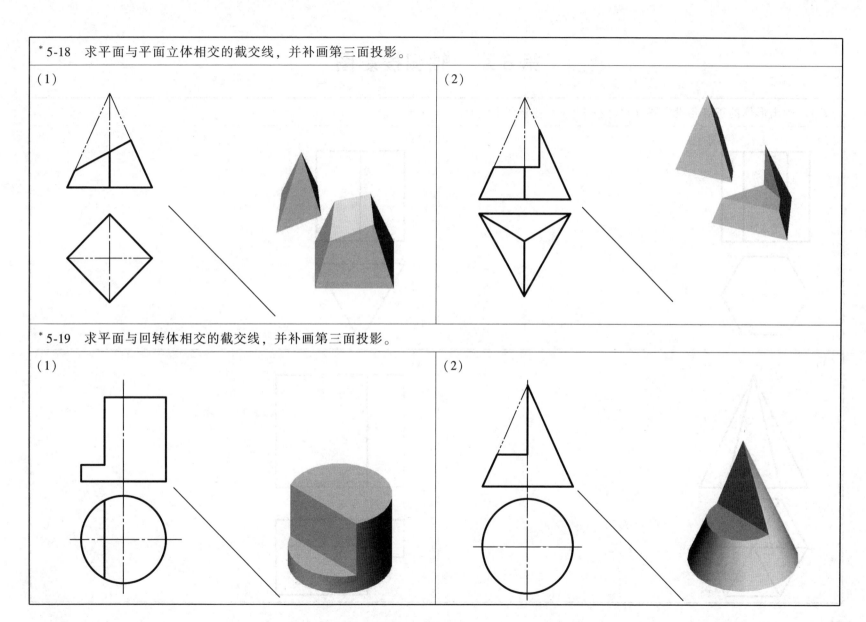

* 5-18 求平面与平面立体相交的截交线，并补画第三面投影。

（1）

（2）

* 5-19 求平面与回转体相交的截交线，并补画第三面投影。

（1）

（2）

43

第 6 章 轴测投影图

*6-1 画出形体的正等测投影图（尺寸按 1：1 在投影图上量）。

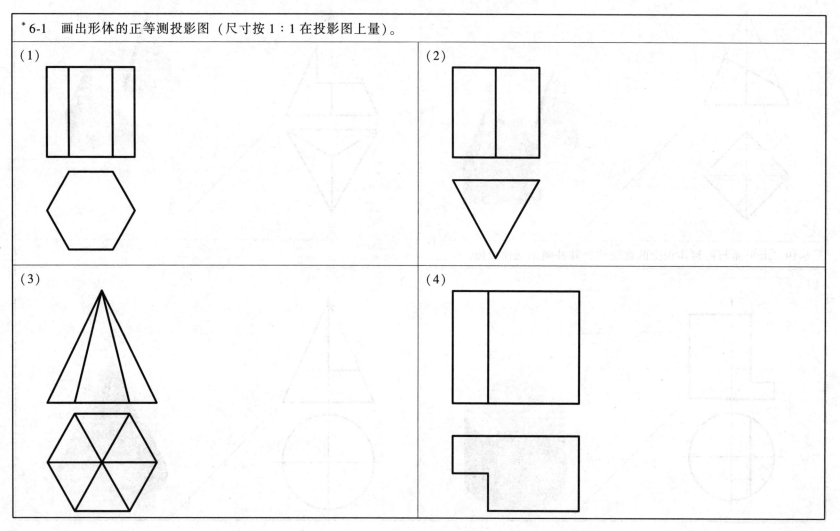

（1）

（2）

（3）

（4）

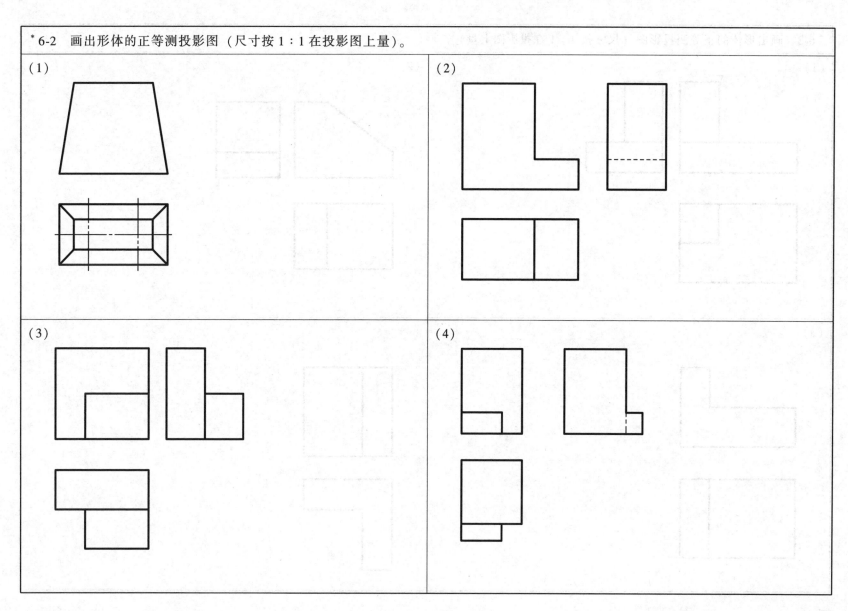

*6-2　画出形体的正等测投影图（尺寸按 1 : 1 在投影图上量）。

（1）

（2）

（3）

（4）

*6-3 画出形体的正等测投影图（尺寸按 1 : 1 在投影图上量）。

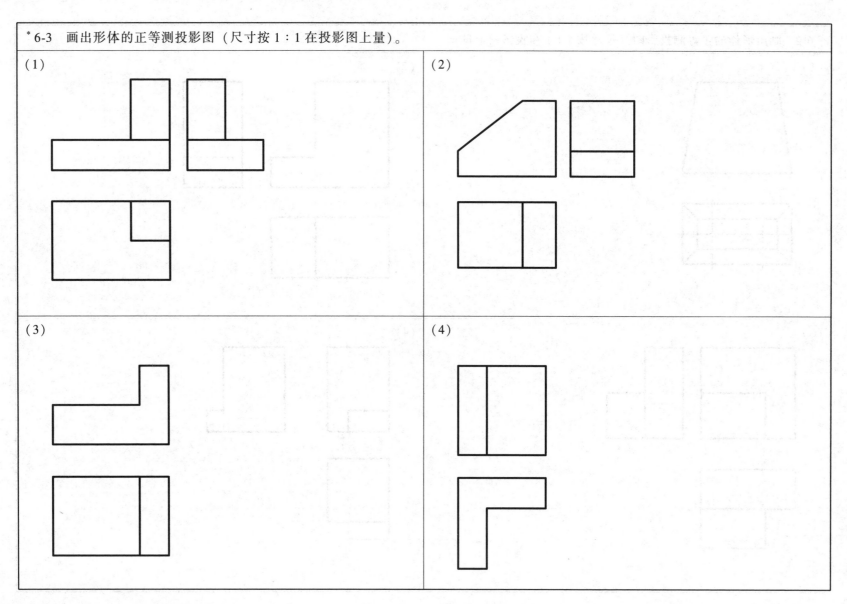

（1）

（2）

（3）

（4）

*6-4 在指定位置画出形体的斜二测投影图（尺寸按 1∶1 在投影图上量）。

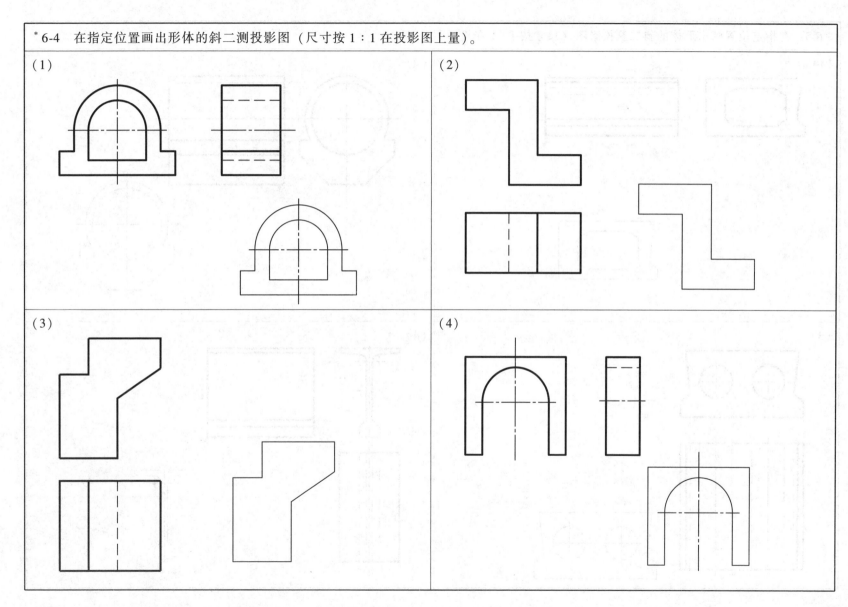

(1)

(2)

(3)

(4)

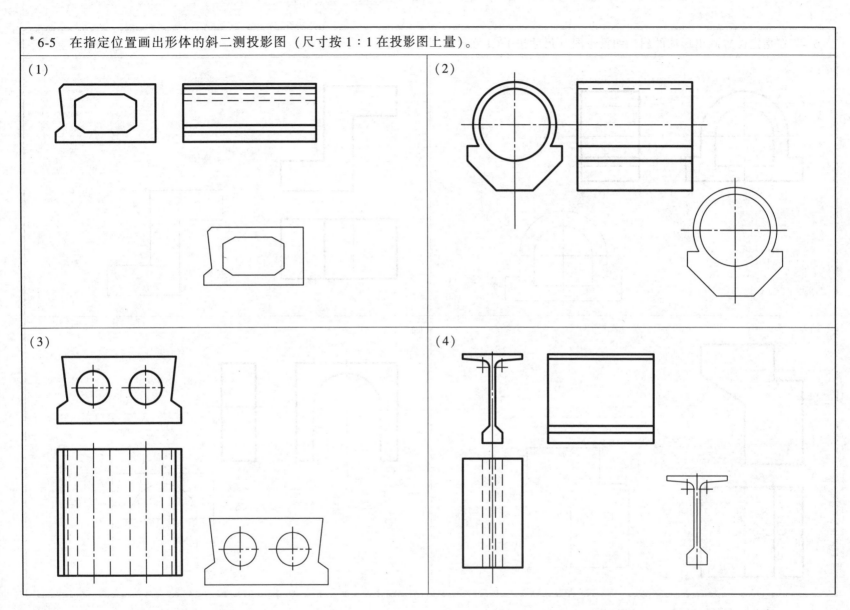

*6-5 在指定位置画出形体的斜二测投影图（尺寸按 1：1 在投影图上量）。

（1）

（2）

（3）

（4）

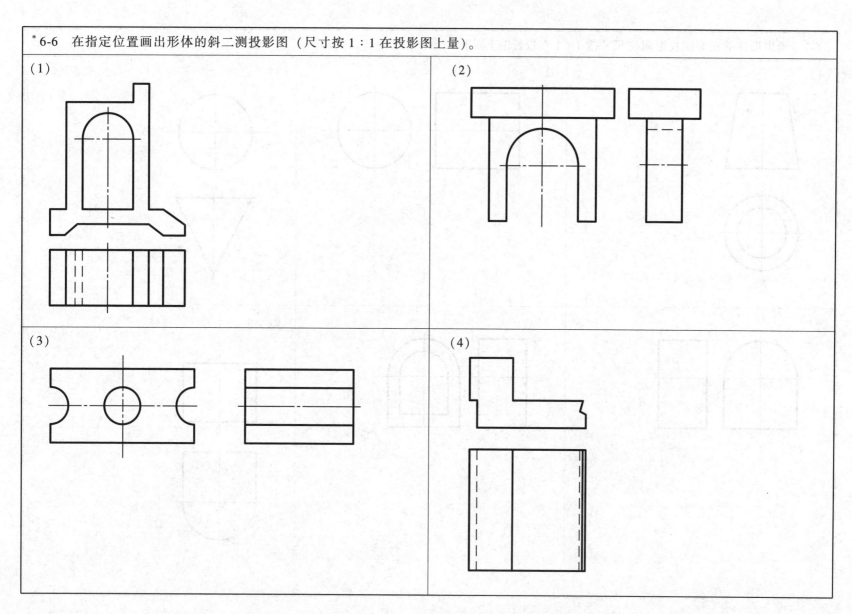

*6-6 在指定位置画出形体的斜二测投影图（尺寸按 1 : 1 在投影图上量）。

(1)

(2)

(3)

(4)

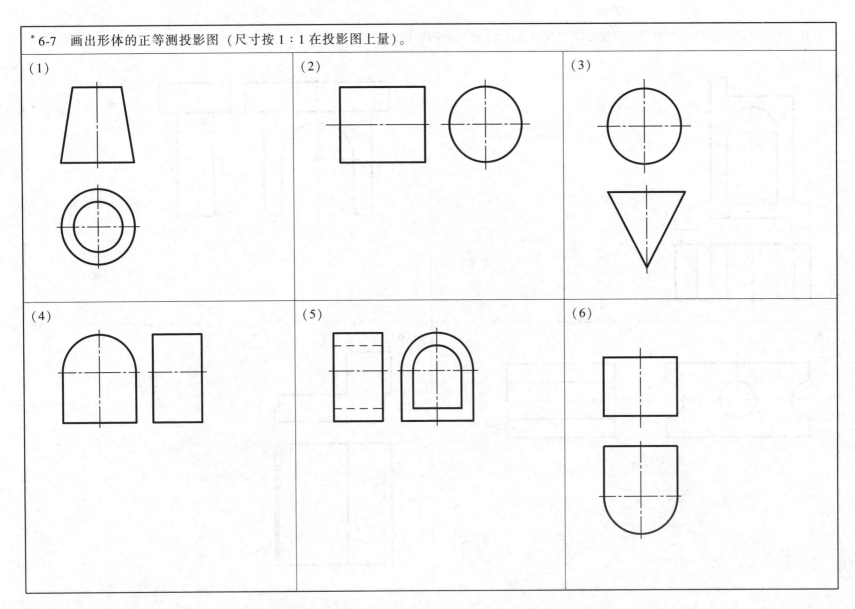

*6-7　画出形体的正等测投影图（尺寸按 1：1 在投影图上量）。

（1）

（2）

（3）

（4）

（5）

（6）

第7章 剖面图和断面图

7-1 剖面图练习。

(1) 作 *A—A* 全剖面图。

(2) 作 *A—A* 全剖面图（高度尺寸在立体图中量取）。

(3) 作 *B—B* 全剖面图。

(4) 作 *A—A* 全剖面图及 *B—B* 半剖面图。

(5) 作 *A—A* 全剖面图及 *B—B* 半剖面图。

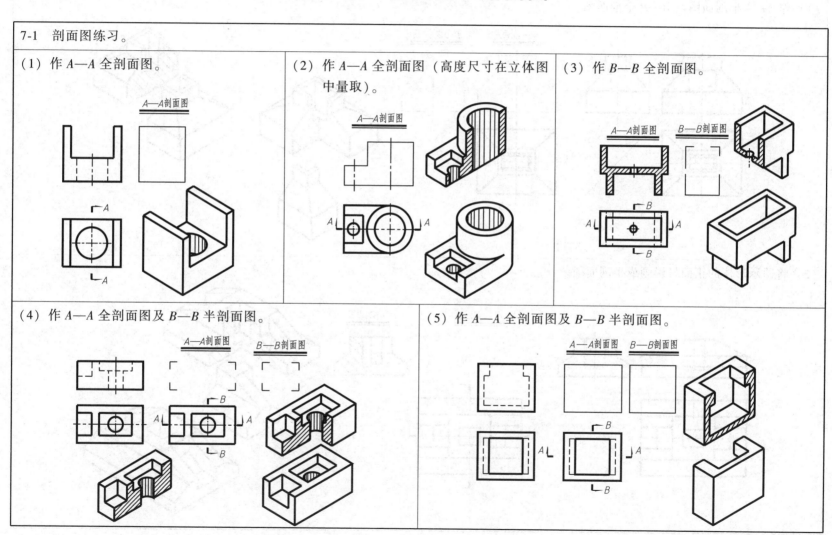

7-2 剖面图练习。

（1）作 A—A 半剖面图及 B—B 全剖面图。

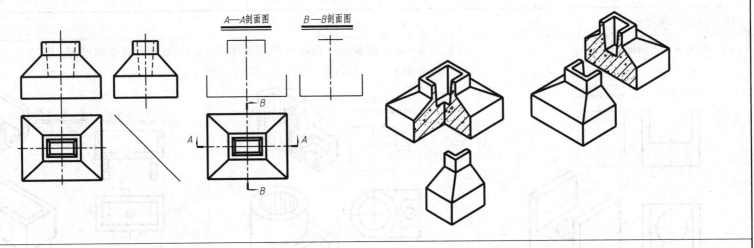

（2）将图示形体的正面投影画成半剖面图。

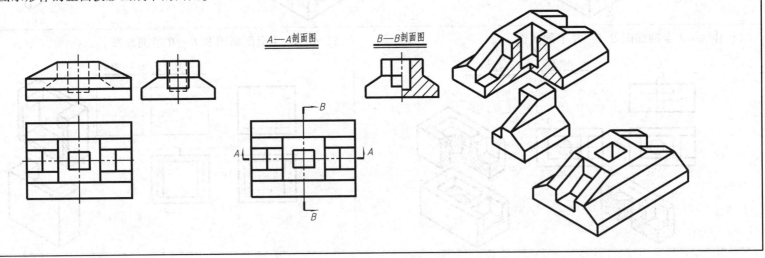

7-3 剖面图练习。

（1）作 *A—A* 阶梯剖面图。

（2）将视图改画成局部剖面图。

*（3）作 *A—A* 旋转剖面图。

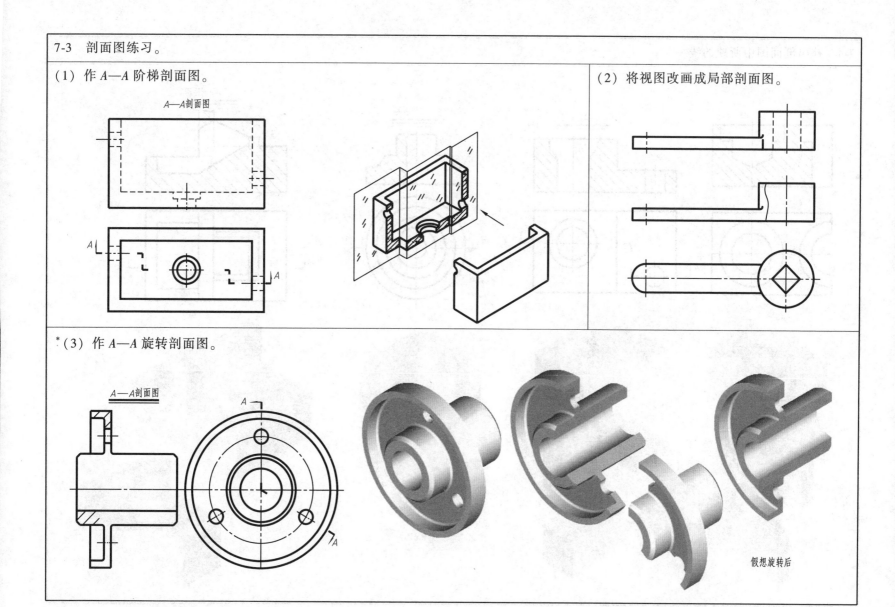

A—A 剖面图

假想旋转后

7-4 补出剖面图中所缺的线。

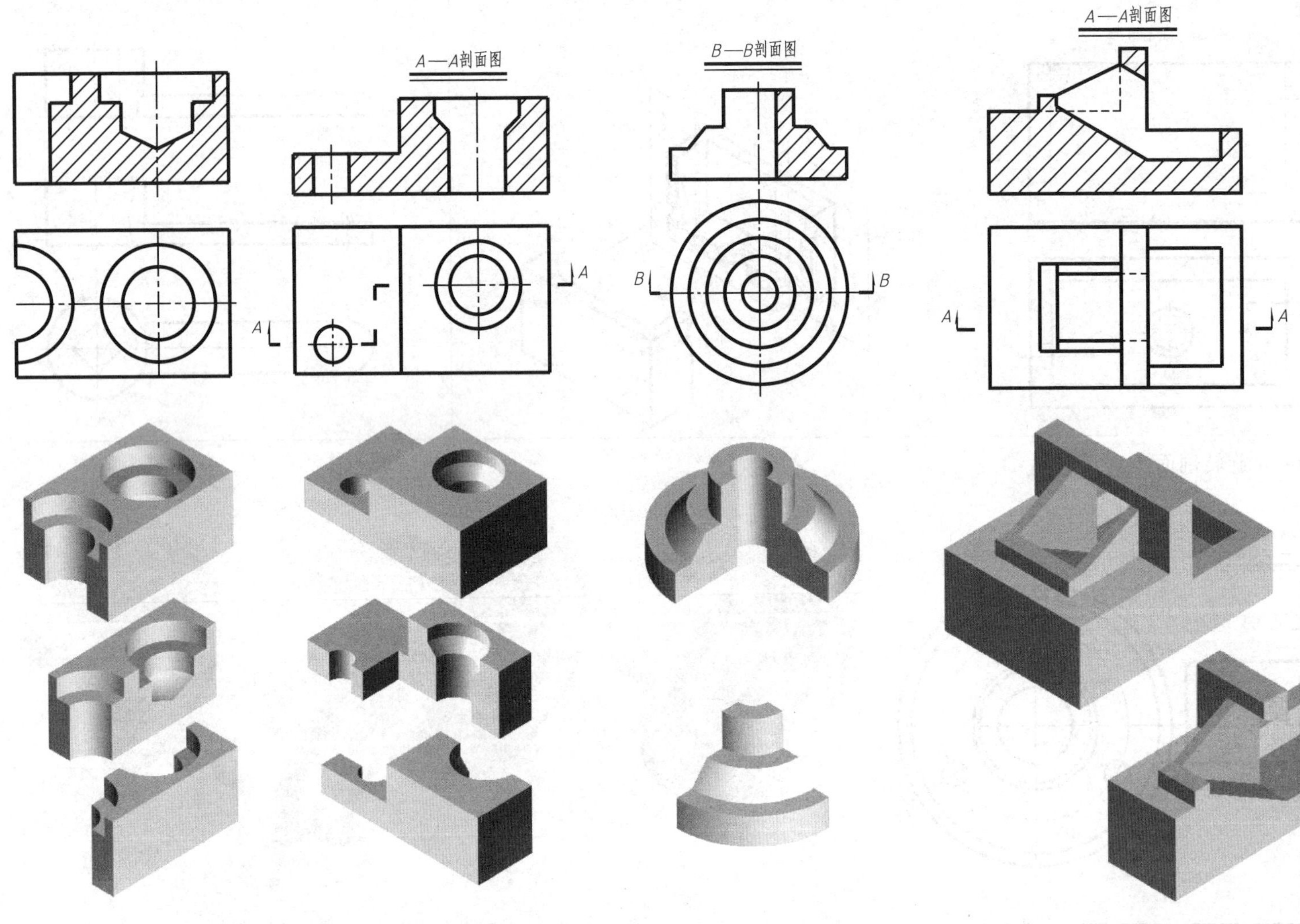

*A—A*剖面图

*B—B*剖面图

*A—A*剖面图

54

7-5 补出剖面图中所缺的线。

(1)

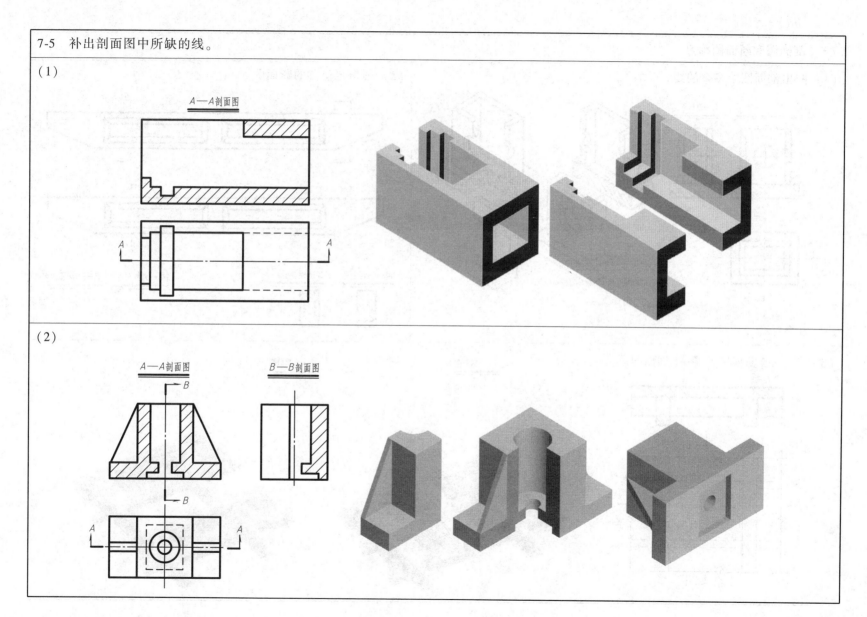

A—A剖面图

(2)

A—A剖面图　　　B—B剖面图

55

7-6　剖面图和断面图练习。

（1）圈出剖面图中多余的线。

A—A剖面图　　B—B剖面图

（2）画指定位置的断面图。

A—A剖面图　　B—B剖面图　　　　A—A断面图　　B—B断面图

（3）作 2—2 断面图及 1—1 剖面图。

1—1剖面图　　　　　　　　2—2断面图

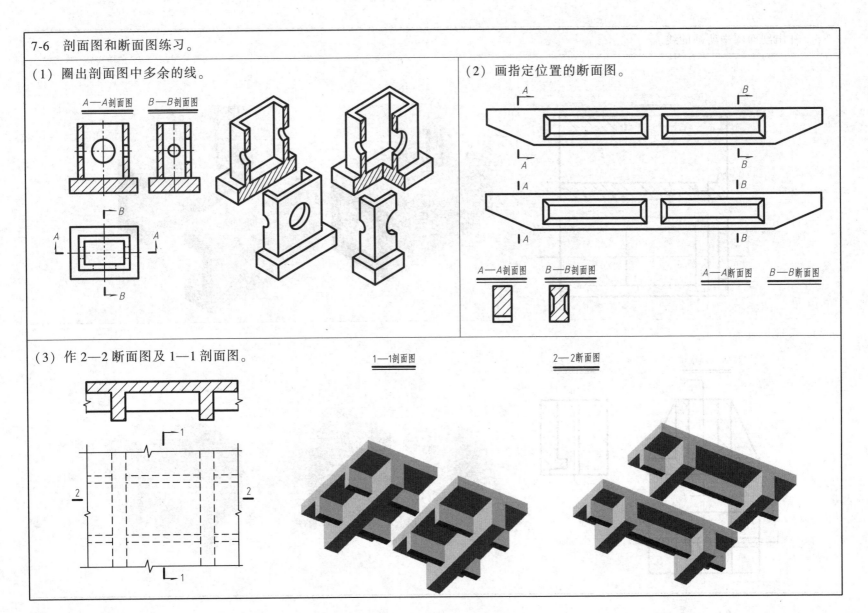

7-7 断面图练习。

(1) 画指定位置的断面图。

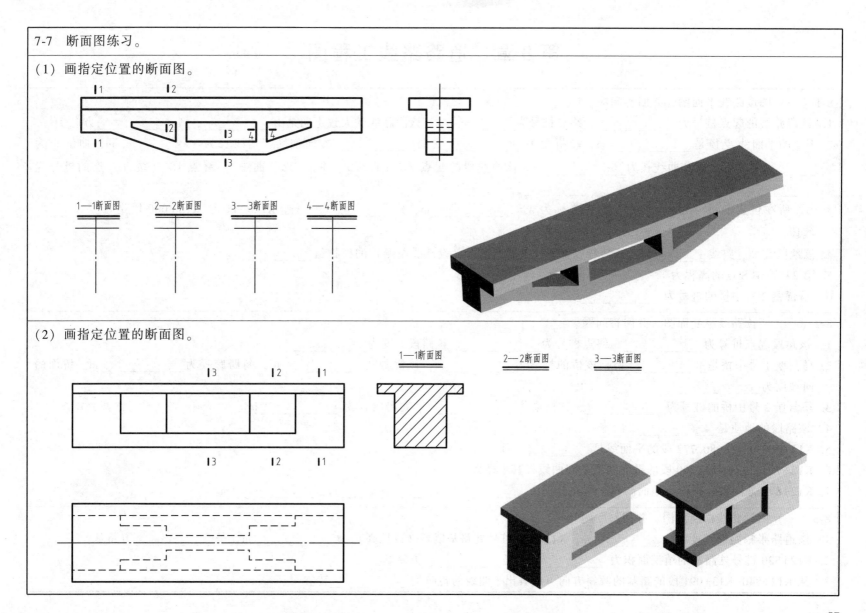

1—1断面图   2—2断面图   3—3断面图   4—4断面图

(2) 画指定位置的断面图。

1—1断面图   2—2断面图   3—3断面图

第8章 道路路线工程图

8-1 （一）阅读路线平面图，并回答问题。

1. 该段路线的起点桩号为_____，终点桩号为_____，该段路线的大致走向是由_____到_____方向。

2. JD_8 的平曲线半径是_____ m，转折角为_____，向_____方向偏转，切线长为_____ m，曲线长为_____ m，缓和曲线长为_____ m。该曲线段的起点 ZH（直缓）、中点 QZ（曲中）、终点 HZ（缓直）点的桩号为_____、_____、_____。

3. JD_8 所在位置的桩号为_____，坐标为 $X =$ _____ m，$Y =$ _____ m。K12+900 至 K13+000 段是_____线段。

4. 该地区北部，路线_____侧地势较低。该地区西南部（设计线左侧）的植物是_____。

5. 第 24 个 GPS 点的高程为_____ m。

6. 马营堡 2 号中桥的桩号为_____。

8-2 （一）阅读路线纵断面图，并回答问题。

1. 该路段起点桩号为_____，终点桩号为_____。该路段坡度为_____。

2. 马营堡 1 号中桥是_____桥，该桥的桩号为_____，该桥梁共_____跨，每跨跨径为_____ m。桥面的_____向坡度为_____。

3. 马营堡 2 号中桥的桩号为_____，该桥梁共_____跨，每跨跨径为_____ m。

4. 该路段的地质是_____。

5. K12+500−K12+680.772 段的平面线是_____线。

6. K12+795.773−K13+200 段的平面线形是圆曲线，其半径为_____。

7. K12+840 处的设计高程、地面高程、填高分别为_____ m、_____ m、_____ m。

8-3 （一）阅读路线横断面图，并回答问题。

1. 该道路半幅路面宽度为_____ m，K12+900 桩号处路基填高（或挖高）为_____ m，是_____方路基。

2. K12+520 桩号处路基的填挖面积为_____，是_____方路基。

3. 从 K12+840−K13+091 段的路基的倾斜方向可以看出平曲线的转向是_____转。

8-1（二）路线平面图。

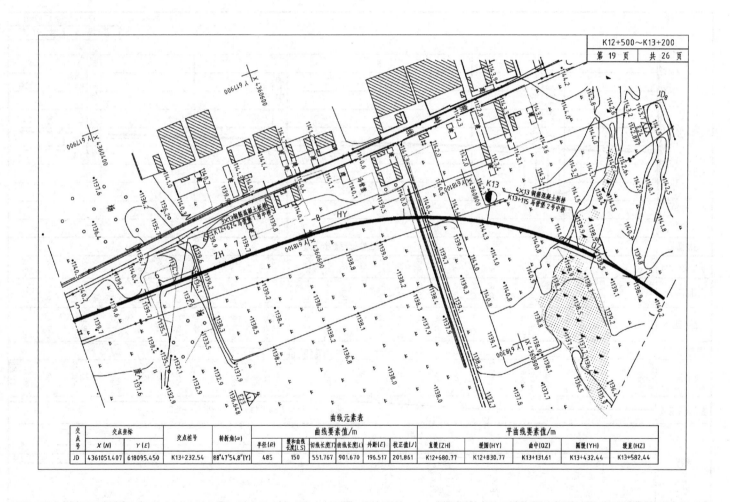

曲线元素表

交点号	交点坐标		交点桩号	转折角(α)	曲线要素值/m						平曲线要素值/m				
	X (N)	Y (E)			半径(R)	缓和曲线长度(LS)	切线长度(T)	曲线长度(L)	外距(E)	校正值(J)	直缓(ZH)	缓圆(HY)	曲中(QZ)	圆缓(YH)	缓直(HZ)
JD	4361051.407	618095.450	K13+232.54	88°47′54.8″(Y)	485	150	551.767	901.670	196.517	201.861	K12+680.77	K12+830.77	K13+131.61	K13+432.44	K13+582.44

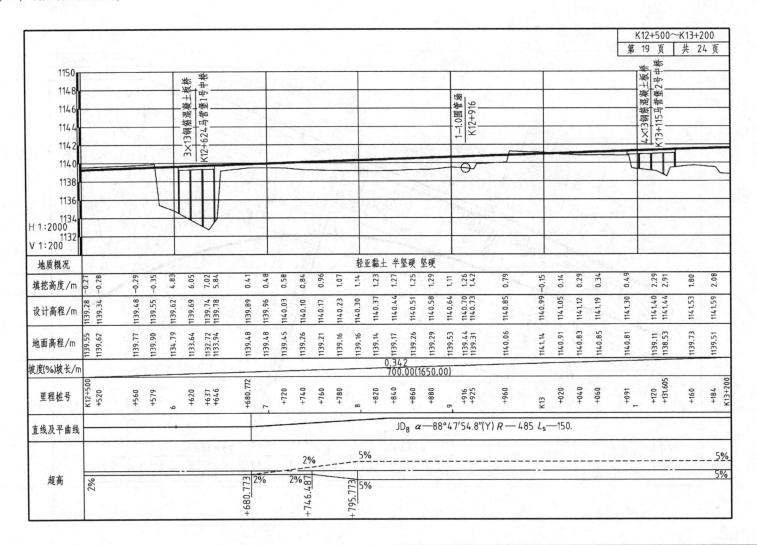

8-3（二）路线横断面图。

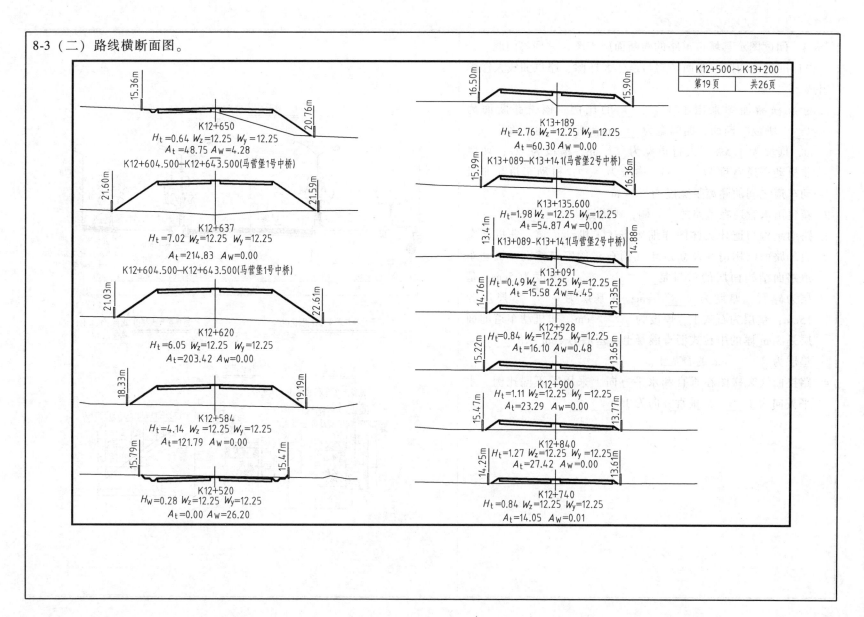

15.36m

20.76m

K12+650
H_t=0.64 W_z=12.25 W_y=12.25
A_t=48.75 A_w=4.28
K12+604.500–K12+643.500(马营堡1号中桥)

21.60m

21.59m

K12+637
H_t=7.02 W_z=12.25 W_y=12.25

A_t=214.83 A_w=0.00
K12+604.500–K12+643.500(马营堡1号中桥)

21.03m

22.61m

K12+620
H_t=6.05 W_z=12.25 W_y=12.25
A_t=203.42 A_w=0.00

18.33m

19.19m

K12+584
H_t=4.14 W_z=12.25 W_y=12.25
A_t=121.79 A_w=0.00

15.79m

15.47m

K12+520
H_w=0.28 W_z=12.25 W_y=12.25
A_t=0.00 A_w=26.20

16.50m

15.90m

K13+189
H_t=2.76 W_z=12.25 W_y=12.25
A_t=60.30 A_w=0.00
K13+089–K13+141(马营堡2号中桥)

15.99m

16.36m

K13+135.600
H_t=1.98 W_z=12.25 W_y=12.25
A_t=54.87 A_w=0.00
K13+089–K13+141(马营堡2号中桥)

13.41m

14.88m

K13+091
H_t=0.49 W_z=12.25 W_y=12.25
A_t=15.58 A_w=4.45

14.76m

13.35m

K12+928
H_t=0.84 W_z=12.25 W_y=12.25
A_t=16.10 A_w=0.48

15.22m

13.65m

K12+900
H_t=1.11 W_z=12.25 W_y=12.25
A_t=23.29 A_w=0.00

15.47m

13.77m

K12+840
H_t=1.27 W_z=12.25 W_y=12.25
A_t=27.42 A_w=0.00

14.25m

13.61m

K12+740
H_t=0.84 W_z=12.25 W_y=12.25
A_t=14.05 A_w=0.01

*8-4　阅读图示某城市道路的横断面施工图，并回答问题。

由标准横断面图、路面结构与道牙大样图、路拱曲线大样图组成。

1. 标准横断面图采用了 1：____ 的比例。该道路断面为 "____块板" 断面，路幅宽为____ m，机动车道宽度为____ m，横坡为 1.5%；人行道宽为____ m，横坡为 2%；两侧非机动车道宽度为____ m，横坡为____；机动车道与非机动车道之间的隔离带宽度为____ m。

2. 新建雨水管道在道路的____侧，距道路中线____ m。

3. 路面结构与道牙大样图详细地表达了机动车道、非机动车道的路面结构情况及立道牙（侧石）的安装情况。机动车道路面结构面层的材料是_____，厚度为 5cm；基层为碎石，厚度为____ cm；底基层为_____，厚度为 15cm；垫层为石灰土，厚度为____ cm。非机动车道的面层是 3cm 厚的中粒式沥青混凝土，基层为 7cm 厚的_____，垫层为____ cm 的石灰土。

4. 路拱曲线大样图在垂直和水平方向上采用了不同比例，水平方向为 1：____，垂直方向为 1：____。

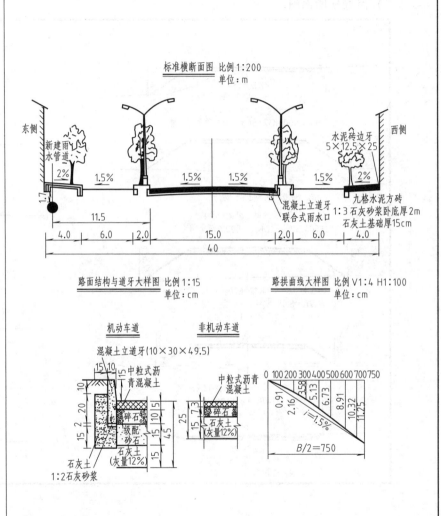

标准横断面图　比例1:200
单位：m

东侧　西侧
新建雨水管道
水泥砖边牙 5×12.5×25
2%　1.5%　1.5%　1.5%　1.5%　2%
1.7
11.5
混凝土立道牙联合式雨水口
九格水泥方砖 1:3石灰砂浆卧底厚2m 石灰土基础厚15cm
4.0　6.0　2.0　15.0　2.0　6.0　4.0
40

路面结构与道牙大样图　比例1:15
单位：cm

路拱曲线大样图　比例 V1:4 H1:100
单位：cm

机动车道　非机动车道

混凝土立道牙(10×30×49.5)
15 10
15 中粒式沥青混凝土
10
中粒式沥青混凝土
20
碎石
15 2 5
级配砂石
45
石灰土(灰量12%)
15 15 10 5
15
石灰土
1:2石灰砂浆
25
15 7.3
碎石
石灰土(灰量12%)

0 100 200 300 400 500 600 700 750
0.91 2.16 3.58 5.13 6.73 8.91 10.32 11.25
i=1.5%
B/2=750

*8-5 阅读下面城市道路雨水管道施工平面图,并回答问题。

1. 该段城市道路为"一块板"断面布置形式,其车行道宽度为_____ m,人行道宽度为_____ m,两侧隔离带宽度为_____ m。

2. 新建雨水管道在道路中心线的_____侧,距道路中心线_____ m;污水管道在道路中心线的_____侧。雨水口设置在分隔带侧石的外侧,由连接管与窨井连接。

3. 在 0+120~0+155 桩号段,ϕ450-35-0.009 表示此段排水管直径为_____ mm,长为_____ m,方向由 0+_____ 桩号流向 0+_____ 桩号,坡度为_____。

4. 6 号窨井的尺寸为 75×75×183,表示窨井长、宽尺寸为_____ cm×_____ cm,深度为_____ cm。

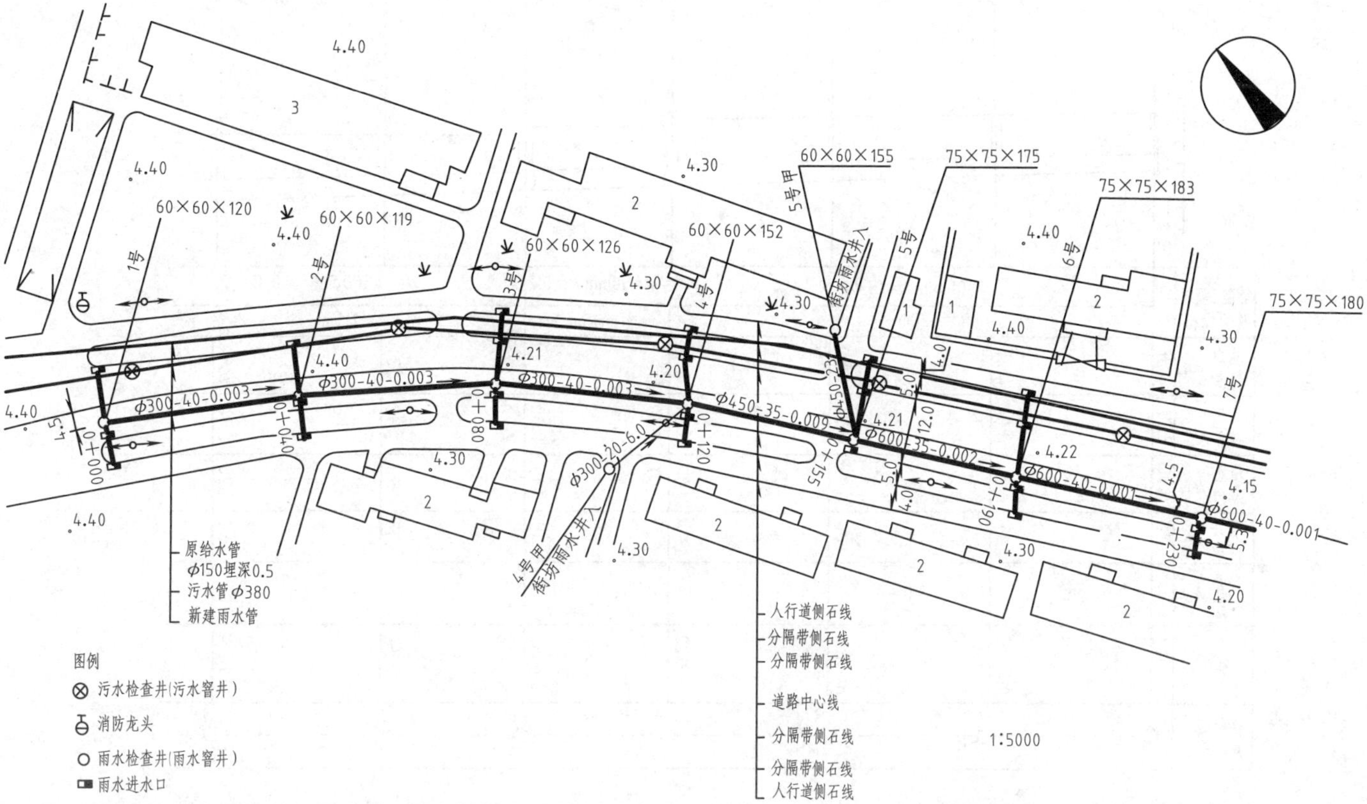

*8-6 阅读下面的城市道路雨水管道施工纵断面图，并回答问题。

1. 在 0+040~0+080 桩号段，此段排水管直径为_____mm，坡度为_____。0+040 桩号处覆土厚度为_____m。4 号窨井左侧管道管底标高为_____m，右侧管道管底标高为_____m。

2. 4 号窨井与 5 号窨井间的间距为_____m，4 号窨井深度为_____m。

3. 5 号窨井连接街坊窨井 5 号甲连管，连管直径为_____mm，长度为_____m。

管径、坡度及管段长		d=φ300mm i=0.3%				d=φ450mm i=0.2%		d=φ600mm i=0.1%		
			l=120m				l=35m		l=115m	
地面标高/m	4.38		4.25		4.20	4.19	4.20	4.21		4.14
管底标高/m	3.18		3.06		2.94	2.82	2.67	2.60	2.45	2.38	2.34
覆土厚度/m	0.90		0.89		0.96	1.07	1.07	1.15	1.15	1.23	1.20
窨井深度/m	1.20		1.19		1.26	1.52	1.75	1.83		1.80	
窨井间距/m		40		40		40	35	35		40	
桩号	0+000		0+040		0+080	0+120	0+155	0+190		0+230	
窨井编号及转向点	1号		2号		3号	4号	5号	6号		7号	

纵1:100 横 1:1000

*8-7 （一）阅读重力式挡土墙工程图，并回答下列问题。

1. 该段挡土墙起自＿＿＿＿＿桩号处，终止于＿＿＿＿＿桩号处。根据地形的变化，挡土墙底部做成台阶形的，每＿＿＿＿＿cm 一个台阶，在 K47+272 桩号处有沉降缝一条，沉降缝宽＿＿＿＿＿cm，用沥青麻筋沿墙的内、外、顶侧三面填塞，填入深度 20cm。

2. 标准断面图给出了这段挡土墙的代表形断面及断面尺寸符号，每个断面的具体尺寸可由断面尺寸表中查得。Ⅰ—Ⅰ断面图上的尺寸与断面尺寸表中查到的尺寸数字相对应。请在Ⅲ—Ⅲ断面图上标出相应位置的尺寸。

3. 挡土墙材料采用＿＿＿＿＿＿＿＿＿＿＿＿＿＿＿＿＿，并用 M10 砂浆勾缝。由工程数量表可知挡土墙采用＿＿＿＿＿m³ 浆砌片石。

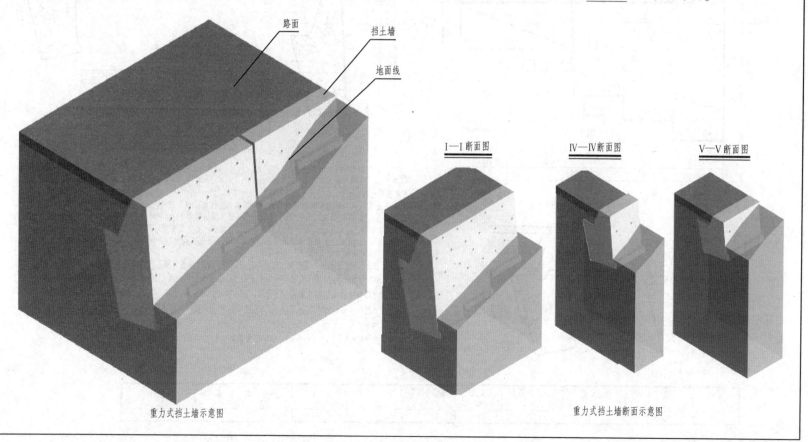

重力式挡土墙示意图　　　　　　　　　　　　　　　　　　　　　重力式挡土墙断面示意图

65

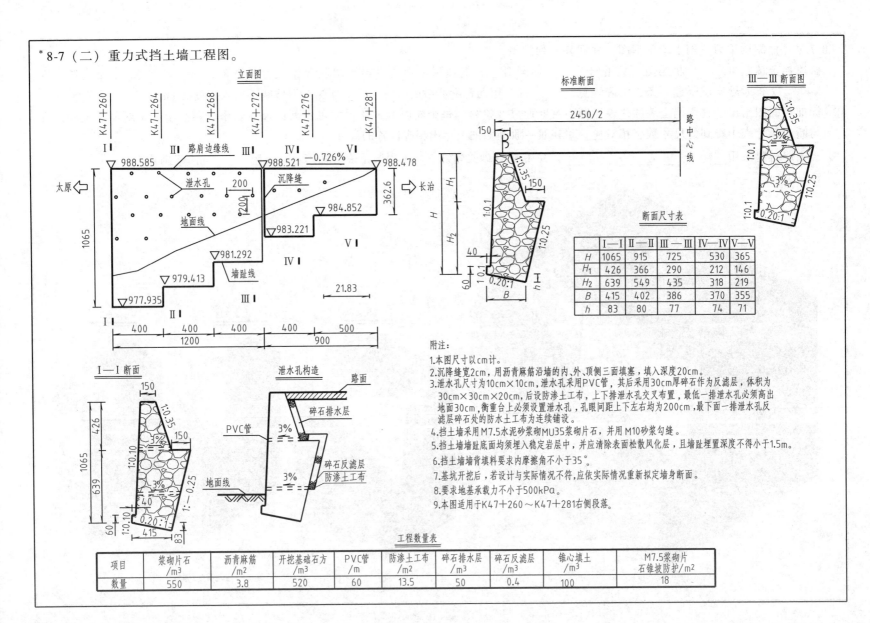

*8-7（二）重力式挡土墙工程图。

立面图

标准断面

Ⅲ—Ⅲ 断面图

断面尺寸表

	Ⅰ—Ⅰ	Ⅱ—Ⅱ	Ⅲ—Ⅲ	Ⅳ—Ⅳ	Ⅴ—Ⅴ
H	1065	915	725	530	365
H_1	426	366	290	212	146
H_2	639	549	435	318	219
B	415	402	386	370	355
h	83	80	77	74	71

附注：

1. 本图尺寸以cm计。

2. 沉降缝宽2cm，用沥青麻筋沿墙的内、外、顶侧三面填塞，填入深度20cm。

3. 泄水孔尺寸为10cm×10cm，泄水孔采用PVC管，其后采用30cm厚碎石作为反滤层，体积为30cm×30cm×20cm，后设防渗土工布，上下排泄水孔交叉布置，最低一排泄水孔必须高出地面30cm，衡重台上必须设置泄水孔，孔眼间距上下左右均为200cm，最下面一排泄水孔反滤层碎石处的防水土工布为连续铺设。

4. 挡土墙采用M7.5水泥砂浆砌MU35浆砌片石，并用M10砂浆勾缝。

5. 挡土墙墙趾底面均须埋入稳定岩层中，并应清除表面松散风化层，且墙趾埋置深度不得小于1.5m。

6. 挡土墙墙背填料要求内摩擦角不小于35°。

7. 基坑开挖后，若设计与实际情况不符，应依实际情况重新拟定墙身断面。

8. 要求地基承载力不小于500kPa。

9. 本图适用于K47+260～K47+281右侧段落。

Ⅰ—Ⅰ 断面

泄水孔构造

工程数量表

项目	浆砌片石/m³	沥青麻筋/m²	开挖基础石方/m³	PVC管/m	防渗土工布/m²	碎石排水层/m³	碎石反滤层/m³	锥心填土/m³	M7.5浆砌片石锥坡防护/m²
数量	550	3.8	520	60	13.5	50	0.4	100	18

[*]8-8（一）阅读浆砌片石护坡工程图，并回答问题。

1. 本图为路堤的浆砌片石护坡工程图，用于 K28+300～K28+500 左侧和 K28+345～K28+520 右侧的边坡防护。护坡厚度为_____cm，下面有_____cm 的砂砾垫层。

2. 护坡上均匀设置了泄水孔，在泄水孔后采用碎石做反滤层，其体积为_____cm³。反滤层后设防渗土工布。最下一排泄水孔反滤碎石处的防渗土工布为连续铺设，其每延米用量为_____m²。第二排及以上泄水孔处防渗土工布每处用量为_____m²。

3. 护坡基础的高度为_____cm，护坡基础的顶面厚度为_____cm，护坡基础的材料为_____。

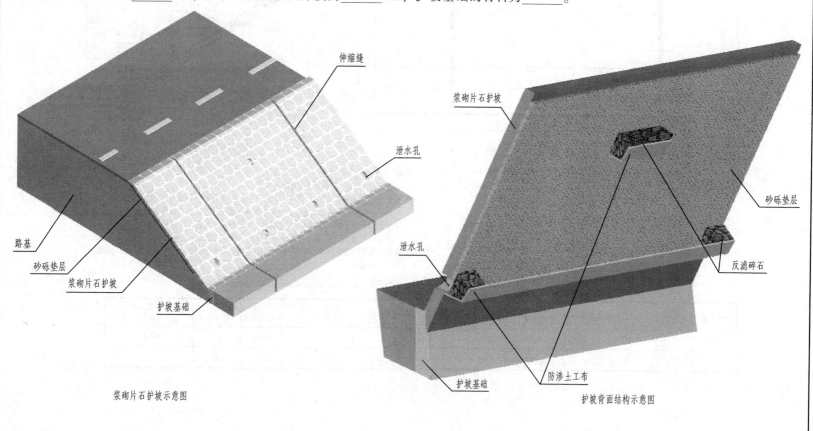

浆砌片石护坡示意图　　　　　　　　　　　护坡背面结构示意图

*8-8（二）浆砌片石护坡工程图。

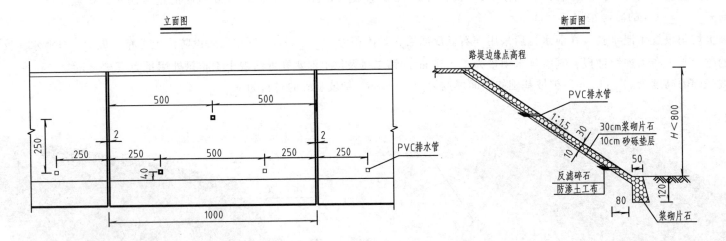

立面图

断面图

附注：
1. 本图尺寸以 cm 计。H 为路堤边坡高。
2. 浆砌片石护坡采用 M7.5 水泥砂浆砌 MU35 片石，并用 M10 砂浆勾缝。
3. 护坡沿路线方向每隔 10m 设置 2cm 宽伸缩缝一道，缝内用沥青麻筋填塞。
4. 泄水孔（10cm×10cm）采用 PVC 排水管，后用碎石作反滤层，体积为（20×20×15）cm³，后设防渗土工布。最下一排泄水孔反滤碎石处的防渗土工布为连续铺设。
5. 本图适用于 K28＋300～K28＋500 左侧和 K28＋345～K28＋520 右侧的边坡防护。

每延米浆砌片石护坡工程数量表

材料名称	浆砌片石（护坡）	砂砾垫层	浆砌片石（护坡基础）	基础开挖土方	PVC（排水管）	沥青麻筋	护坡开挖土方	碎石（反滤层）	防渗土工布（第一排）	防渗土工布（第二排及以上排）
单位	m³	m³	m³	m³	m 处	m²	m³	m³处	m²	m²处
工程数量	0.5408H＋0.0975	0.1803H	0.780	1.93	0.7211	0.05408H＋0.00975	0.7211H＋0.0975	0.006	0.35	0.07

68

第9章　桥梁工程图

9-1（一）参照立体图阅读图示钢筋混凝土板梁桥总体布置图，并回答下列问题。

1. 该桥共_____跨，每跨跨径为_____ m，总跨径长为_____ m，桥面宽度为_____ m。
2. 上部结构由_____块空心板组成。桥台为肋板式桥台，桥墩为钻孔单柱式桥墩。侧面图采用了Ⅰ—Ⅰ、Ⅱ—Ⅱ两个二分之一断面图拼合而成。在侧面投影中指出桥墩立柱、桥墩承台、桥墩桩基础的投影，指出桥台肋板、桥台盖梁、挡块、桥台基础的投影。
3. 侧面投影中看到的是桥台的台前还是台后？_____。
4. 在正面投影中指出耳墙、锥形护坡、桥头搭板的投影。
5. 1号桥台基础底面、基础顶面的标高分别为_____ m、_____ m。
6. 该桥起始桩至桥位终点桩不设纵坡，该桥的设计标高为_____ m。
7. 该桥中心位于_____桩号处。每个桥墩下有_____根钢筋混凝土灌注桩，有_____根立柱。

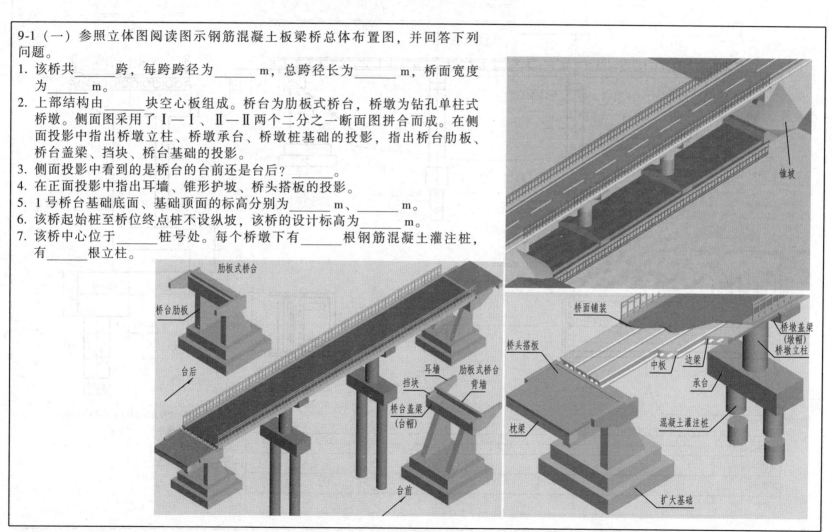

9-1（二）钢筋混凝土板梁桥总体布置图。

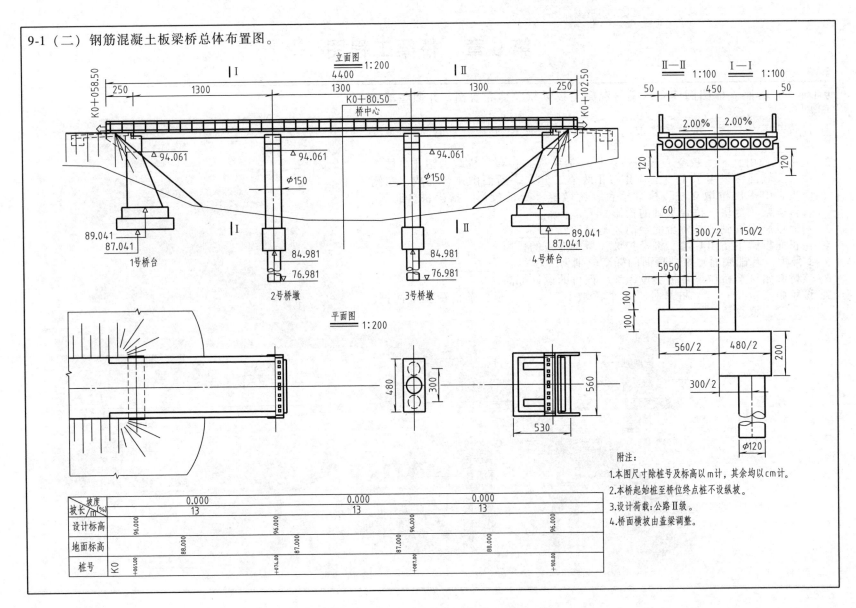

附注:
1.本图尺寸除桩号及标高以m计，其余均以cm计。
2.本桥起始桩至桥位终点桩不设纵坡。
3.设计荷载：公路Ⅱ级。
4.桥面横坡由盖梁调整。

坡度%		0.000		0.000		0.000	
坡长/m		13		13		13	
设计标高	96.000		96.000		96.000		96.000
地面标高		88.000		87.000	87.000		88.000
桩号	K0	+061.00		+074.00	+087.00		+100.00

9-2 （一）参照立体图阅读图示桥梁总体布置图，并回答下列问题。

1. 该桥起点的桩号为_____，终点桩号为_____，桥跨中心位于_____桩号处。全桥共_____跨，每孔跨径均为_____ m，全长为_____ m。

2. 从侧面图中可看出，桥面净宽为_____ m，桥面总宽为_____ m，由_____块钢筋混凝土空心板拼接而成，桥面的横向坡度为_____。

3. 该桥的上部结构为钢筋混凝土空心板。下部结构为柱式墩台，基础为_____，0 号桥台的桩基础高度为_____ m。

4. 1 号桥墩的墩柱高度为_____ m，墩柱直径为_____ cm，桩柱直径为_____ cm，桩底标高为_____ m，桩顶标高为_____ m。

5. K0+25.50 桩号处的地面标高为_____ m，K0+37.00 处的桥面设计标高为_____ m。

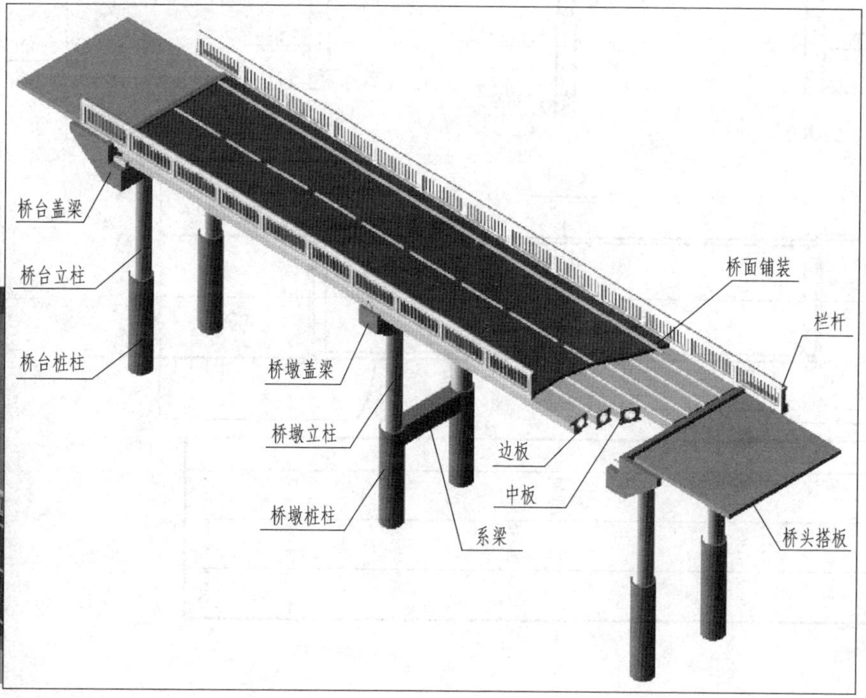

桥台盖梁
桥台立柱
桥台桩柱
桥墩盖梁
桥墩立柱
桥墩桩柱
系梁
边板
中板
桥面铺装
栏杆
桥头搭板

9-2 （二）桥梁总体布置图。

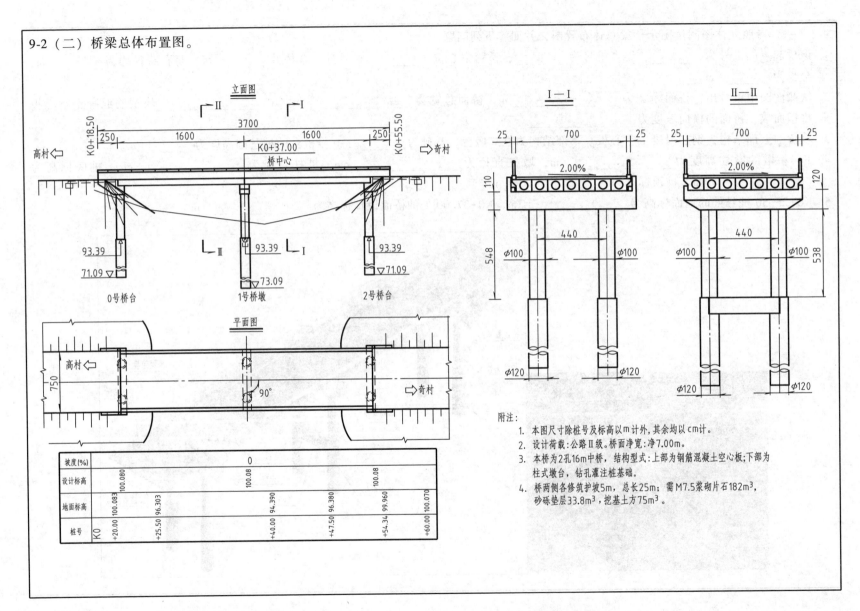

立面图

II — II ⌐   ⌐ I — I

3700

250   1600   1600   250

K0+18.50   K0+37.00   K0+55.50

桥中心

⇐高村   奇村⇒

93.39   93.39   93.39

71.09▽   ▽73.09   ▽71.09

0号桥台   1号桥墩   2号桥台

平面图

⇐高村   奇村⇒

750   90°

I — I

25   700   25

2.00%

110

Φ100   440   Φ100

548

Φ120   Φ120

II — II

25   700   25

2.00%

120

440

Φ100   Φ100

538

Φ120   Φ120

坡度(%)				0				
设计标高	100.080			100.08			100.08	100.070
地面标高	100.083	96.303		94.390	96.380		99.960	100.070
桩号	K0 +20.00	+25.50		+40.00	+47.50		+54.34	+60.00

附注:
1. 本图尺寸除桩号及标高以m计外,其余均以cm计。
2. 设计荷载:公路Ⅱ级。桥面净宽:净7.00m。
3. 本桥为2孔16m中桥,结构型式:上部为钢筋混凝土空心板;下部为柱式墩台,钻孔灌注桩基础。
4. 桥两侧各修筑护坡5m,总长25m;需M7.5浆砌片石182m³,砂砾垫层33.8m³,挖基土方75m³。

72

*9-3（一）参照立体图阅读图示钢筋混凝土板梁桥总体布置图，并回答下列问题。

1. 该桥共 _____ 跨，中跨跨径为 _____ m，边跨跨径为 _____ m，总跨径为 _____ m，桥面宽度为 _____ m。

2. 上部结构由 _____ 块空心板组成。桥台为重力式桥台，桥墩为柱式桥墩，每个桥墩有 _____ 个立柱，立柱下是承台，承台下是 _____ 根混凝土打入桩。侧面图采用了Ⅰ—Ⅰ、Ⅱ—Ⅱ两个二分之一断面图拼合而成，由此图可见桥面的横坡为 _____ 。

3. 在侧面投影中指出桥墩立柱、桥墩承台、桥墩基础的投影，指出桥台肋板、桥台盖梁、桥台桩基础的投影。

4. 侧面投影中看到的是桥台是台前还是台后？ _____ 。

5. 右侧桥台混凝土打入桩基础底面的标高为 _____ m，每个桥台下有 _____ 根混凝土打入桩，打入桩的长度为 _____ m，2号桥墩立柱的高度为 _____ cm。

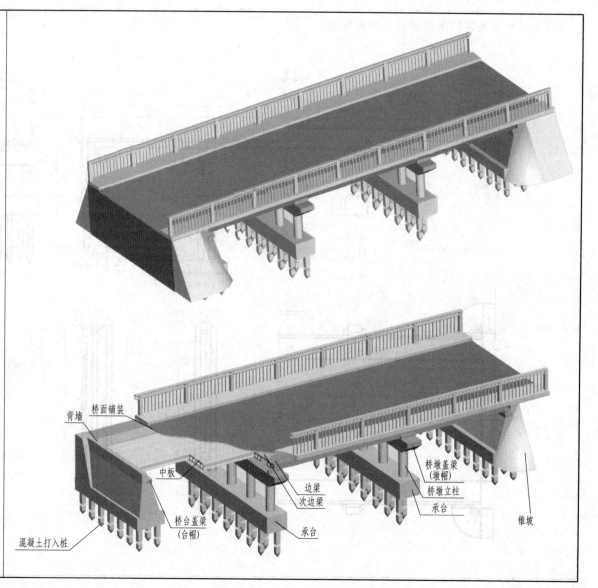

背墙
桥面铺装
中板
边梁
次边梁
桥墩盖梁（墩帽）
桥墩立柱
承台
锥坡
桥台盖梁（台帽）
承台
混凝土打入桩

*9-3（二）钢筋混凝土板梁桥总体布置图。

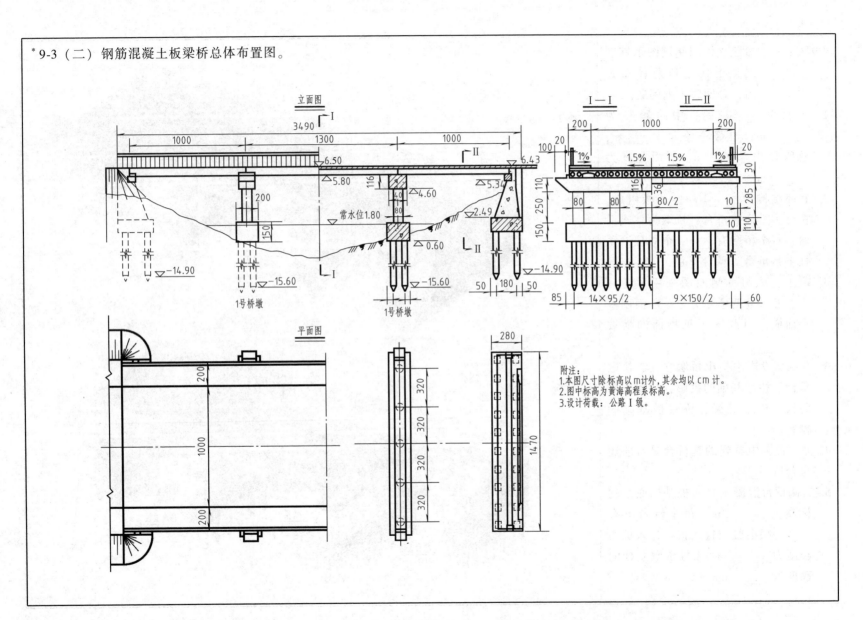

附注：
1.本图尺寸除标高以m计外,其余均以cm计。
2.图中标高为黄海高程系标高。
3.设计荷载：公路Ⅰ级。

9-4（一）参照立体图阅读图示钢筋混凝土空心板构造图，并回答下列问题。

1. 图为习题 9-2 所示桥梁的钢筋混凝土空心板构造图，该钢筋混凝土空心板理论长度为＿＿＿＿＿ cm，中板的理论宽度为＿＿＿＿＿ cm，边板的总宽度为＿＿＿＿＿ cm。

2. 支座中心线距梁端＿＿＿＿＿ cm。

3. 立面图上，梁端部垂直于梁长度方向的点划线表示＿＿＿＿＿＿＿＿＿＿。平面图中沿板梁长度方向的两根虚线表示＿＿＿＿＿＿＿＿＿＿＿＿。

9-4 （二）钢筋混凝土空心板构造图。

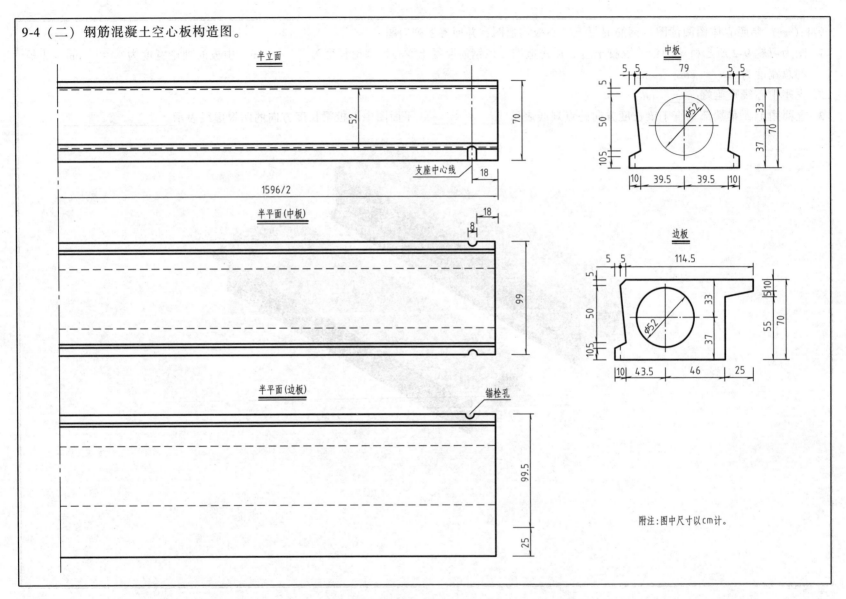

9-5（一）参照立体图阅读图示钢筋混凝土空心板构造图，并回答下列问题。

1. 图为习题 9-1 所示桥梁的钢筋混凝土空心板构造图，该钢筋混凝土空心板理论长度为_____ cm，中板的理论宽度为_____ cm，边板的总宽度为_____ cm。

2. 支座中心线距梁端_____ cm。

3. 立面图、平面图上，梁端部垂直于梁长度方向的虚线表示_____，混凝土封头的长度为_____ cm，平面图中沿板梁长度方向的四根虚线表示_____。

4. 空心板两圆孔之间的中心距为_____ cm，圆孔中心到空心板顶面的距离为_____ cm。

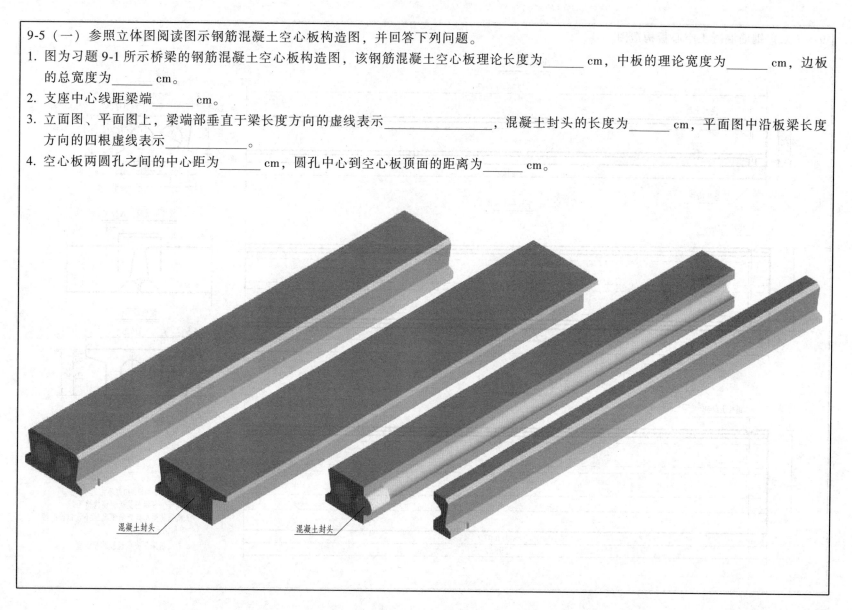

混凝土封头　　　　　混凝土封头

9-5（二）钢筋混凝土空心板构造图。

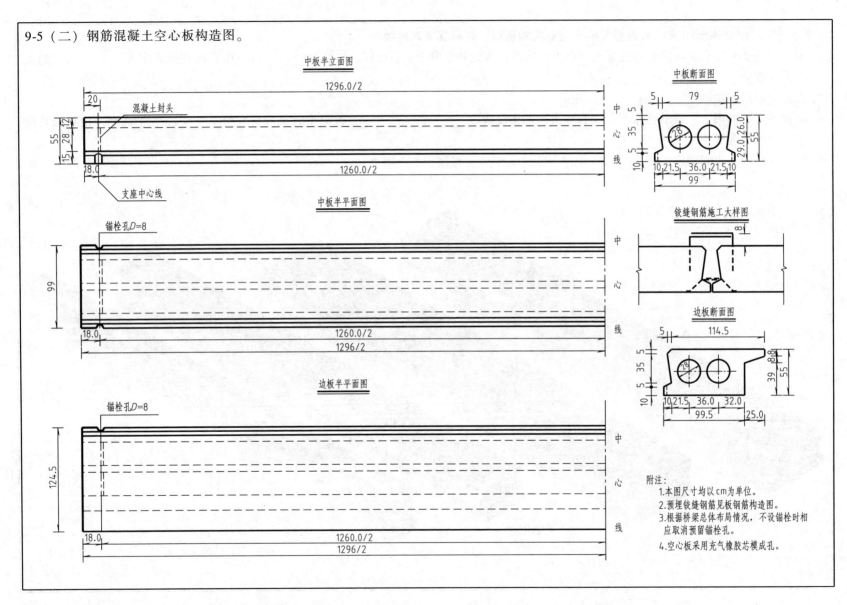

中板半立面图

中板断面图

混凝土封头

支座中心线

中板半平面图

铰缝钢筋施工大样图

锚栓孔D=8

边板断面图

边板半平面图

锚栓孔D=8

附注：
1.本图尺寸均以cm为单位。
2.预埋铰缝钢筋见板钢筋构造图。
3.根据桥梁总体布局情况，不设锚栓时相
　应取消预留锚栓孔。
4.空心板采用充气橡胶芯模成孔。

9-6（一）参照立体图阅读图示钢筋混凝土边板钢筋结构图，并回答下列问题（图为习题 9-1 所示桥梁的钢筋混凝土边板钢筋结构图）。

1. 图中共有_____种钢筋，其中①号钢筋为受拉钢筋，共_____根，分布在板梁的_____部，①号钢筋的中心间距为_____cm。

2. ②号钢筋为吊装钢筋，分布在梁的两端，共_____根。③号钢筋为架立钢筋，共_____根。⑥号筋每 40cm 设一道，其下端钩在⑧号钢筋上并与其绑扎，全梁共_____根。

3. ④、⑤号钢筋为横向连接钢筋（预埋铰缝钢筋），分布间隔均为_____cm，各_____根。⑦、⑧号钢筋一起组成箍筋，⑦、⑧号钢筋均为_____根。其中 23×20 代表什么含义？_____。

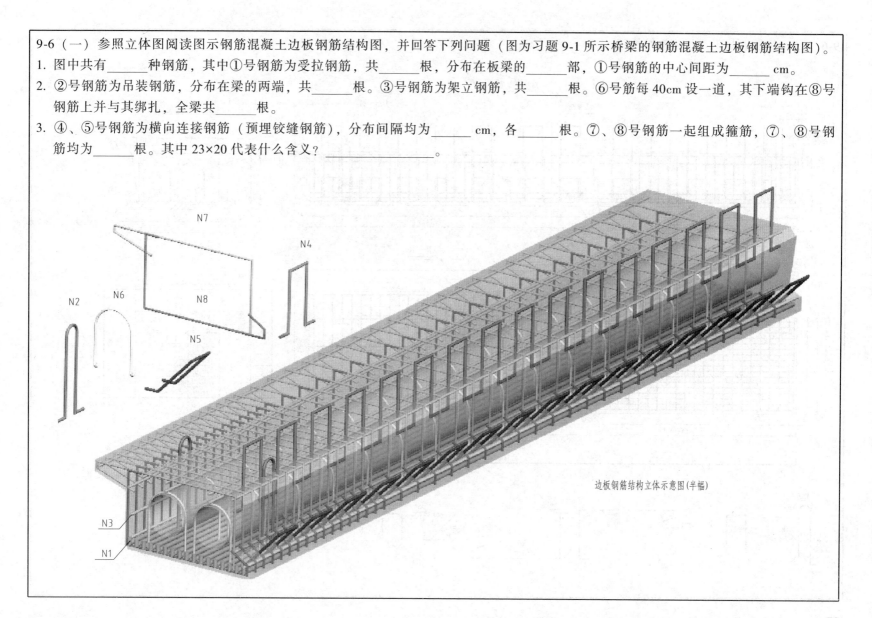

边板钢筋结构立体示意图(半幅)

9-6（二）钢筋混凝土边板钢筋结构图。

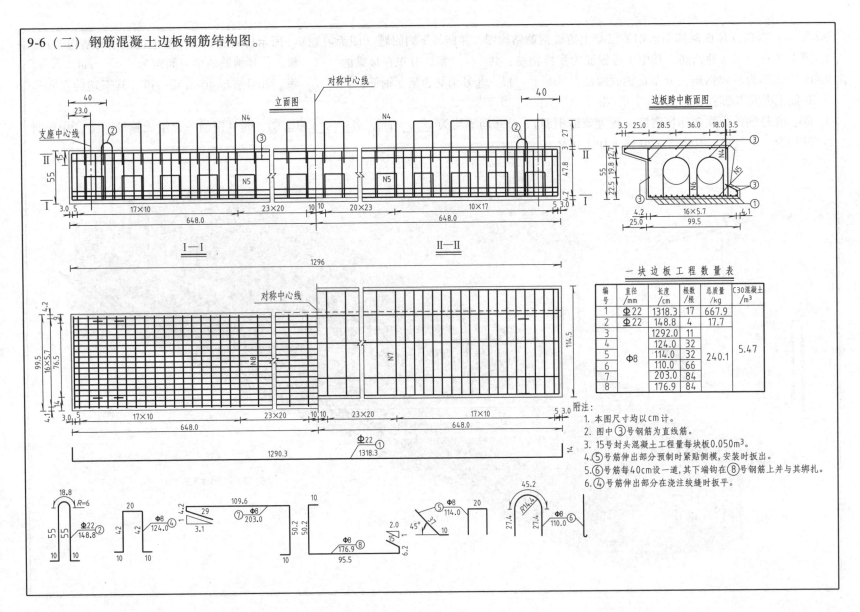

一块边板工程数量表

编号	直径/mm	长度/cm	根数/根	总质量/kg	C30混凝土/m³
1	Φ22	1318.3	17	667.9	
2	Φ22	148.8	4	17.7	
3		1292.0	11		5.47
4		124.0	32		
5	Φ8	114.0	32	240.1	
6		110.0	66		
7		203.0	84		
8		176.9	84		

附注：
1. 本图尺寸均以cm计。
2. 图中③号钢筋为直线筋。
3. 15号封头混凝土工程量每块板0.050m³。
4. ⑤号筋伸出部分预制时紧贴侧模，安装时扳出。
5. ⑥号筋每40cm设一道，其下端钩在⑧号钢筋上并与其绑扎。
6. ④号筋伸出部分在浇注绞缝时扳平。

9-7（一）参照立体图阅读图示钢筋混凝土中板钢筋结构图，并回答下列问题（图为习题9-1所示桥梁的钢筋混凝土中板钢筋结构图）。

1. 图中共有_____种钢筋，其中①号钢筋为受拉钢筋，共_____根，分布在板梁的_____部，①号钢筋的中心间距为_____cm。

2. ②号钢筋为吊装钢筋，分布在梁的两端，共_____根。③号钢筋为架立钢筋，共_____根。⑥号筋每40cm设一道，其下端钩在⑧号钢筋上并与之绑扎，全梁共_____根。

3. ④、⑤号钢筋为横向连接钢筋（预埋铰缝钢筋），分布间隔均为_____cm，各_____根。⑦、⑧号钢筋一起组成箍筋，⑦、⑧号钢筋均为_____根。其中23×20代表什么含义？_____。

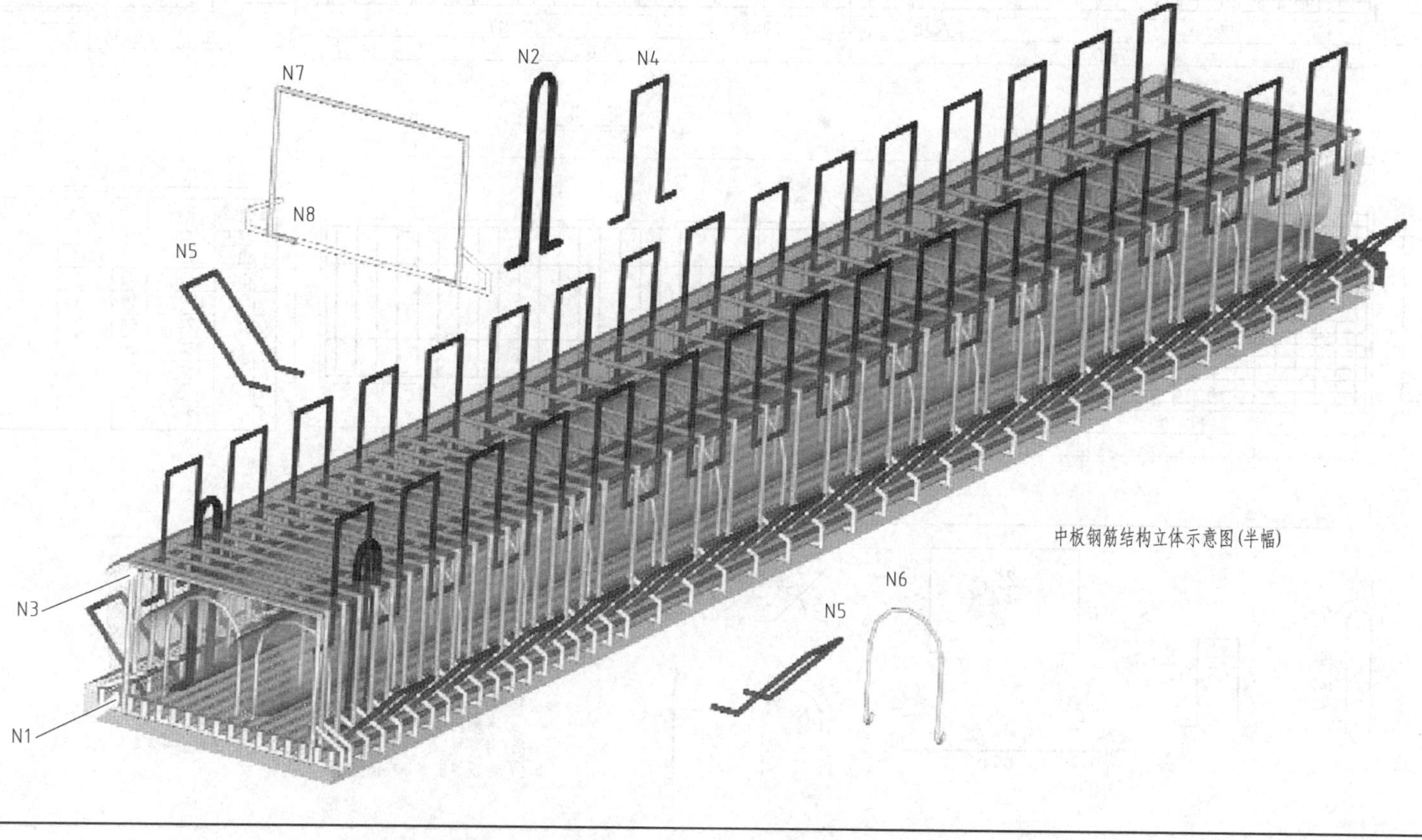

中板钢筋结构立体示意图(半幅)

9-7（二）钢筋混凝土中板钢筋结构图。

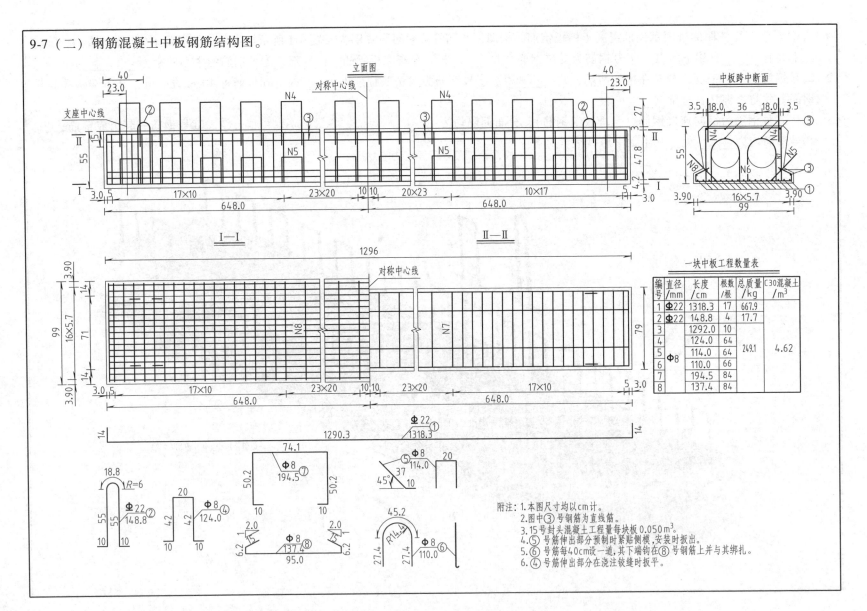

编号	直径/mm	长度/cm	根数/根	总质量/kg	C30混凝土/m³
1	Φ22	1318.3	17	667.9	
2	Φ22	148.8	4	17.7	
3	Φ8	1292.0	10	249.1	4.62
4		124.0	64		
5		114.0	64		
6		110.0	66		
7		194.5	84		
8		137.4	84		

一块中板工程数量表

附注：1.本图尺寸均以cm计。
2.图中③号钢筋为直线筋。
3.15号封头混凝土工程量每块板0.050m³。
4.⑤号筋伸出部分预制时紧贴侧模，安装时扳出。
5.⑥号筋每40cm设一道，其下端钩在⑧号钢筋上并与其绑扎。
6.④号筋伸出部分在浇注铰缝时扳平。

9-8 阅读图示单柱式桥墩一般构造图，并回答问题。

1. 桥墩立柱高度为____cm。
2. 桥墩桩柱高度为____cm。
3. 桥墩桩柱底面标高为____m，桥墩立柱顶面标高为____m。
4. 设置盖梁横坡的台阶高差为____cm，材料为____。

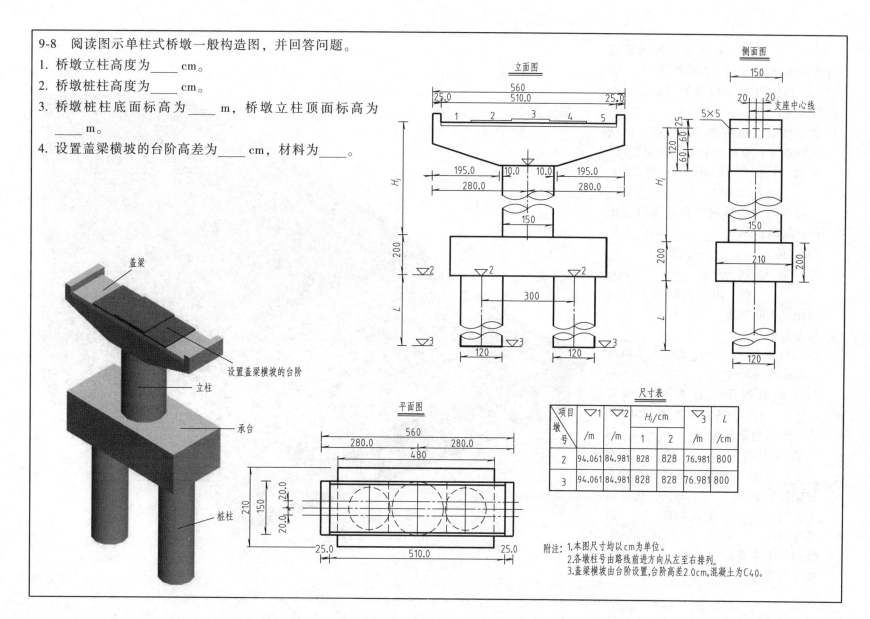

立面图

侧面图

平面图

尺寸表

项目 墩 号	▽1 /m	▽2 /m	H_i/cm		▽3 /m	L /cm
			1	2		
2	94.061	84.981	828	828	76.981	800
3	94.061	84.981	828	828	76.981	800

附注：1.本图尺寸均以cm为单位。
2.各墩柱号由路线前进方向从左至右排列。
3.盖梁横坡由台阶设置,台阶高差2.0cm,混凝土为C40。

盖梁

设置盖梁横坡的台阶

立柱

承台

桩柱

*9-9 （一）参照立体图阅读图示桥面铺装钢筋构造图，并回答下列问题（图为习题 9-1 所示桥梁的桥面铺装钢筋结构图）。

1. 桥面铺装层由两种钢筋组成，由纵向钢筋 1 和横向钢筋 2 组成钢筋网，桥面辅装层现浇 C40 混凝土 _____ cm，面层为 _____ cm。①号钢筋、②号钢筋都是均匀分布的，其间距均为 _____ cm，①号钢筋长 _____ cm，共 _____ 根，②号钢筋长 _____ cm，共 _____ 根。由于面积较大所以采用了折断画法。

2. 尺寸数字
   2×124.5+3×99+4×1＝550 表示两块 124cm 的边板和 _____ 块 _____ cm 的中板及四个 1cm 的伸缩缝共 _____ cm，即整个桥面宽。64×20 表示①号钢筋间距为 _____ cm，一孔桥面上共有 _____ 间距，共有 _____ 根①号钢筋；27×20 表示②号钢筋间距为 _____ cm，一孔桥面上共有 _____ 间距，共有 _____ 根②号钢筋。

3. 桥面行车道宽度为 _____ cm，整个桥面宽度为 _____ cm。

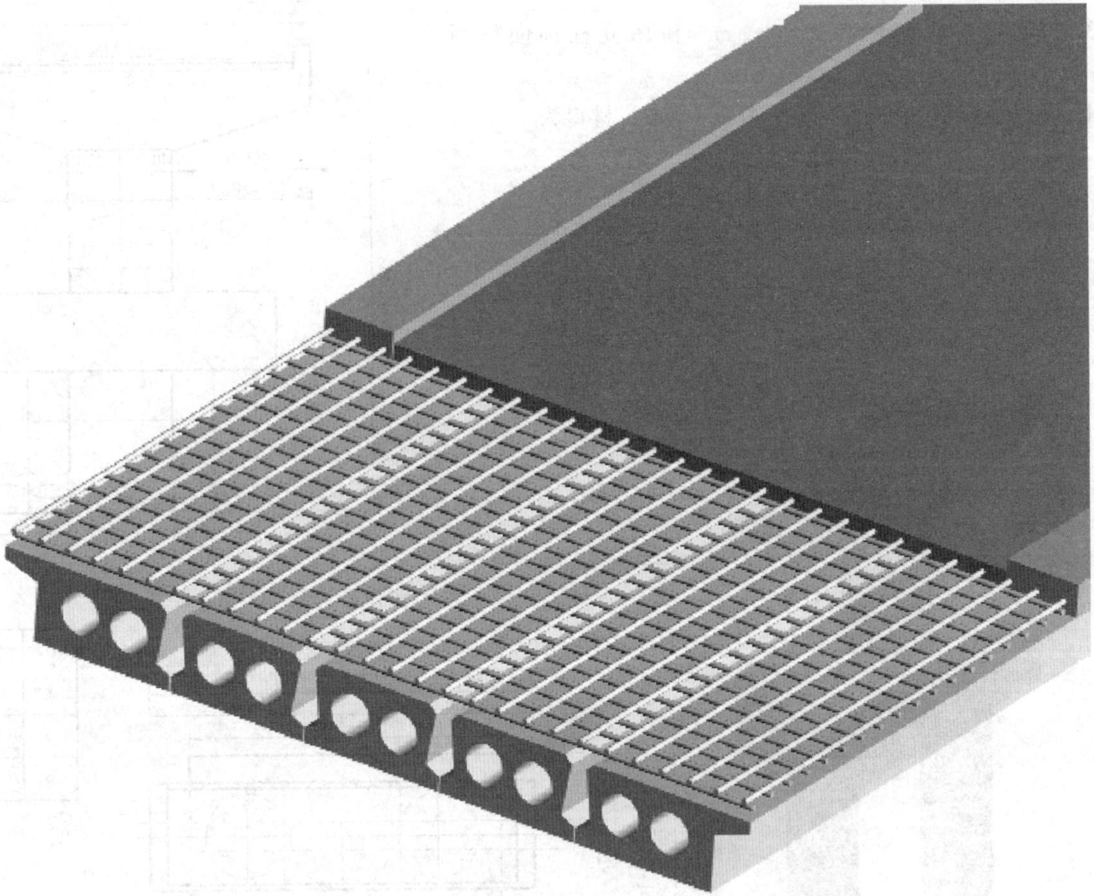

* 9-9（二）桥面铺装钢筋构造图。

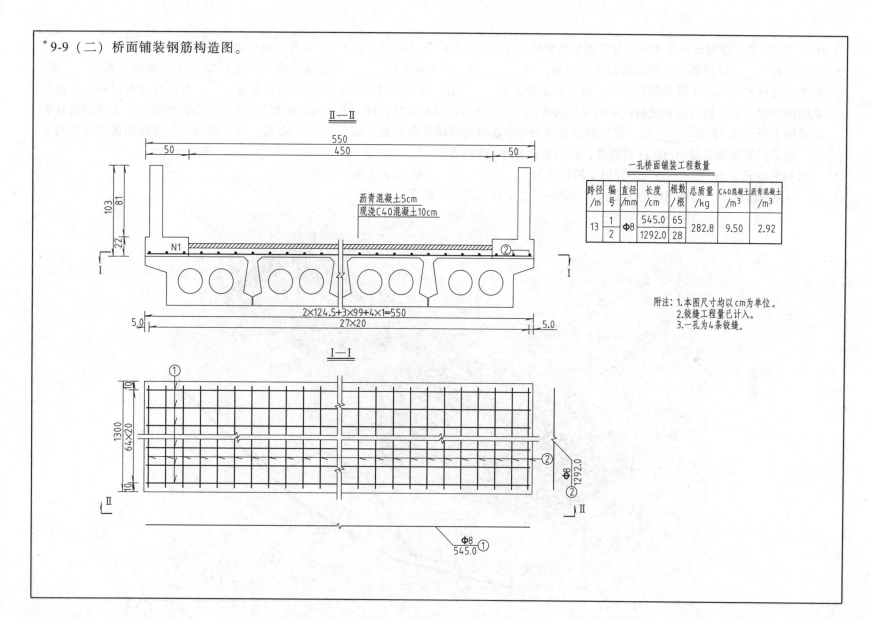

II—II

550

50 450 50

103 81

沥青混凝土5cm
现浇C40混凝土10cm

22

N1 ②

2×124.5+3×99+4×1=550

5.0 27×20 5.0

I—I

10

1300
64×20

10

①

②

Φ8
1292.0
②

Φ8
545.0
①

一孔桥面铺装工程数量

跨径/m	编号	直径/mm	长度/cm	根数/根	总质量/kg	C40混凝土/m³	沥青混凝土/m³
13	1	Φ8	545.0	65	282.8	9.50	2.92
	2		1292.0	28			

附注：1.本图尺寸均以cm为单位。
　　　2.铰缝工程量已计入。
　　　3.一孔为4条铰缝。

9-10 （一）参照立体图阅读图示桥墩盖梁钢筋结构图，并回答下列问题（图为习题 9-1 所示桥梁的桥墩盖梁钢筋结构图）。

1. 全梁共有_____种钢筋，①号钢筋为受力钢筋，有_____根，分布在梁的_____面，用来承受拉力；②、③号钢筋各有_____根，用来承受横向剪力。④号钢筋有_____根，分布在梁的_____面，用来承受压力；⑤、⑥号钢筋各_____根，为分布钢筋，布置在梁的两侧面，⑥号钢筋的长度随面的变化而变化。⑦、⑧号钢筋是箍筋，以_____ cm 的间距平均分布在整个梁上，⑦号钢筋分布在梁的中段，共 12 道_____根，⑧号钢筋是箍筋分布在梁的两端变截面处，共_____道 52 根，⑧号钢筋的长度随截面的变化而变化。除⑦、⑧号箍筋是 HPB235 钢筋外，其余都是 HPB335 钢筋。

2. ①号钢筋的长度为_____ cm，②号钢筋的长度为_____ cm，图中 11×12.6 表示什么含义？_____。

注意：为使图面清晰，立体图中的箍筋没有全部画出，只画出其中一部分。

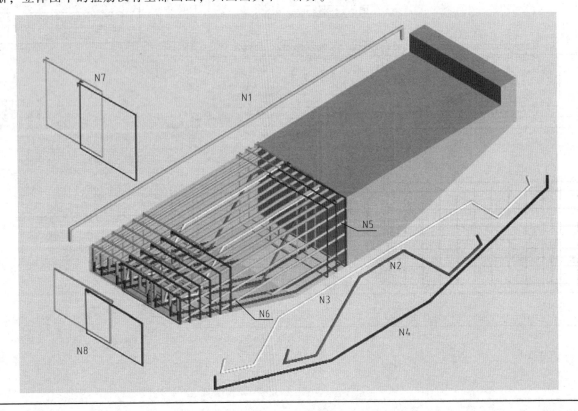

9-10（二）桥墩盖梁钢筋结构图。

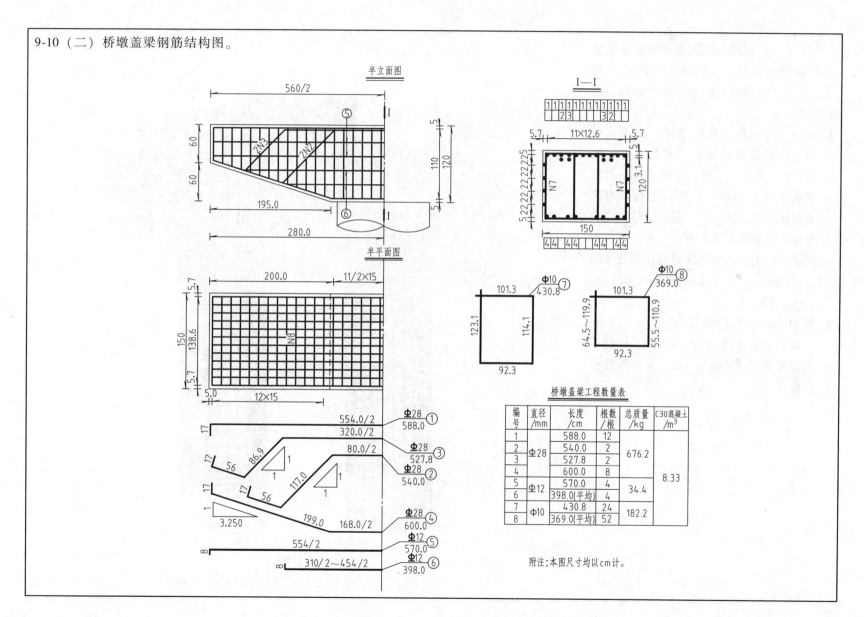

半立面图

560/2

半平面图

I—I

桥墩盖梁工程数量表

编号	直径/mm	长度/cm	根数/根	总质量/kg	C30混凝土/m³
1	Φ28	588.0	12	676.2	8.33
2		540.0	2		
3		527.8	2		
4		600.0	8		
5	Φ12	570.0	4	34.4	
6		398.0(平均)	4		
7	Φ10	430.8	24	182.2	
8		369.0(平均)	52		

附注:本图尺寸均以cm计。

*9-11 （一）参照立体图阅读图示桥墩桩基础钢筋结构图，并回答下列问题（图为习题 9-1 所示桥梁的桥墩桩基础钢筋结构图）。

1. 图中①号钢筋为桩的主筋，伸入承台内的钢筋做成喇叭形，大约与直线倾斜 15°，共_____根；④号定位钢筋在钢筋骨架上每隔_____m 沿圆周等距离焊接四根，共_____根；③号钢筋为基桩的螺旋分布筋，有_____根，分布在整个桩柱上；②号加强箍筋在钢筋骨架上每隔_____m 焊接一根，共_____根。

2. 图中②号钢筋的形状为_____形，④号钢筋的长度为_____cm。③号钢筋的螺旋高度为_____cm，③号钢筋的总长度为_____cm。

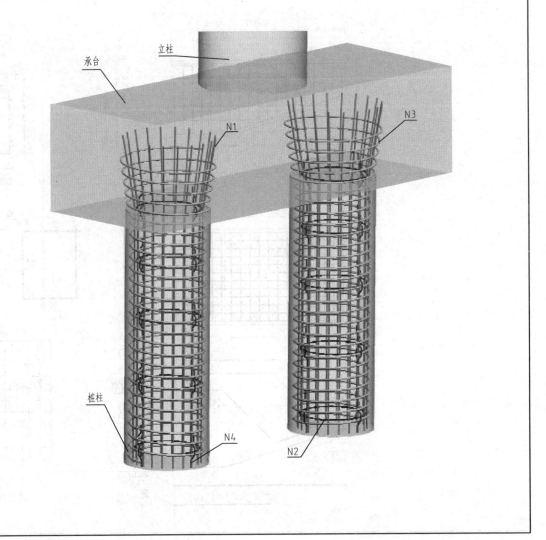

9-11（二）桥墩桩基础钢筋结构图。

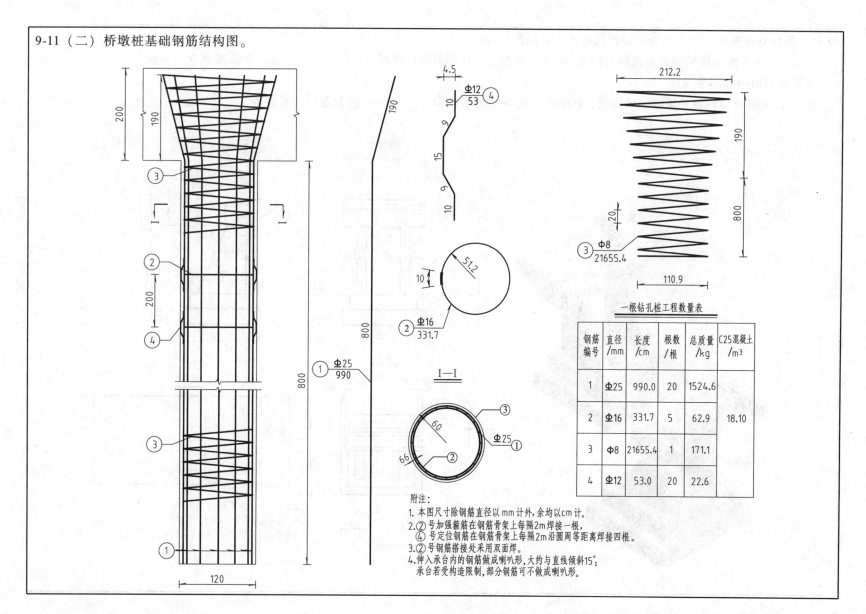

一根钻孔桩工程数量表

钢筋编号	直径/mm	长度/cm	根数/根	总质量/kg	C25混凝土/m³
1	Φ25	990.0	20	1524.6	18.10
2	Φ16	331.7	5	62.9	
3	Φ8	21655.4	1	171.1	
4	Φ12	53.0	20	22.6	

附注：
1. 本图尺寸除钢筋直径以mm计外，余均以cm计。
2. ②号加强箍筋在钢筋骨架上每隔2m焊接一根，
   ④号定位钢筋在钢筋骨架上每隔2m沿圆等距离焊接四根。
3. ②号钢筋搭接处采用双面焊。
4. 伸入承台内的钢筋做成喇叭形，大约与直线倾斜15°；
   承台若受构造限制，部分钢筋可不做成喇叭形。

9-12 参照立体图阅读图示肋板式桥台构造图，并回答下列问题。

1. 图为习题 9-1 所示桥梁的肋板式桥台构造图，1 号桥台盖梁底部即肋板顶面的标高为_____ m，扩大基础底面的标高为_____ m，扩大基础顶面的标高为_____ m。

2. H_i 为扩大基础顶面到盖板顶面的距离，1 号桥台 H_i 的具体数值为_____ cm。桥台盖梁的长度为_____ cm、高度为_____ cm。

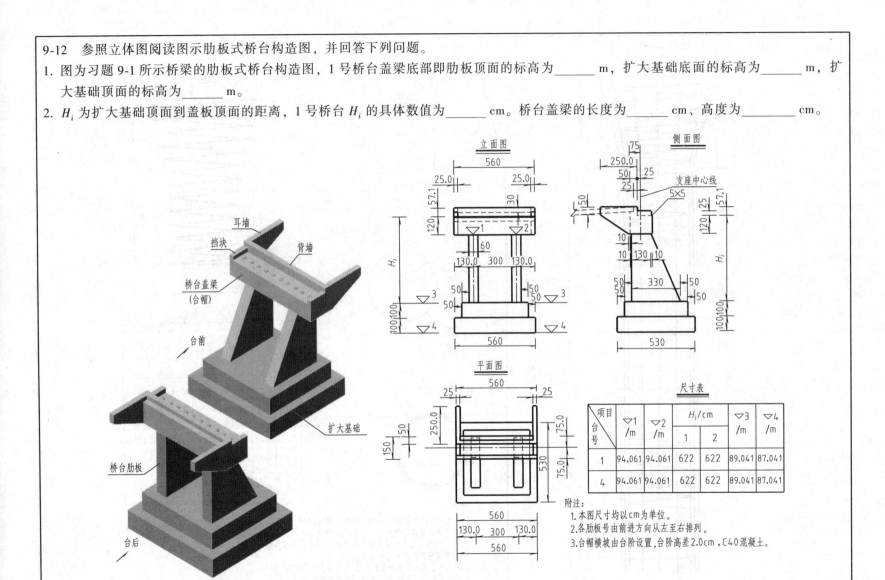

附注：
1. 本图尺寸均以 cm 为单位。
2. 各肋板号由前进方向从左至右排列。
3. 台帽横坡由台阶设置，台阶高差 2.0cm，C40 混凝土。

尺寸表

项目 台号	▽1 /m	▽2 /m	H_i/cm		▽3 /m	▽4 /m
			1	2		
1	94.061	94.061	622	622	89.041	87.041
4	94.061	94.061	622	622	89.041	87.041

*9-13 （一）参照立体图阅读图示桥台盖梁钢筋结构图，并回答下列问题（图为习题 9-1 所示桥梁的桥台盖梁钢筋结构图）。

1. 整个梁上只有_____种钢筋，①、②号钢筋为受力钢筋，①号钢筋分布在梁的顶部和底部用来承受拉力或压力，共_____根。②号钢筋是弯起钢筋，主要承受剪力，共_____根。③号钢筋是分布钢筋，布置在梁的两侧，共_____根。④号钢筋是箍筋，除靠近盖梁端部有两道箍筋间距为 20cm 外，其余沿盖梁纵向是均匀布置的，间距为_____cm。

2. 尺寸 17×15 说明有_____个间距，每隔间距_____cm 布置箍筋。图中除④号钢筋为 HPB235 钢筋外，其余都是 HPB335 钢筋。

注意：为使图面清晰，立体图中的箍筋没有全部画出，只画出其中一部分。

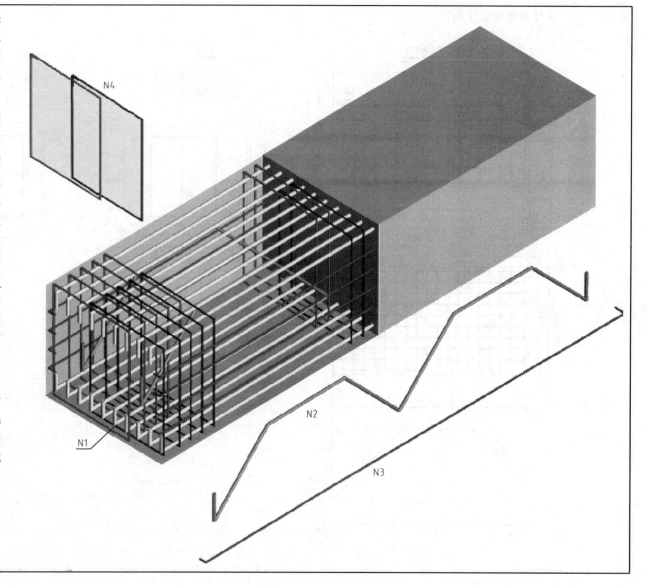

9-13（二）桥台盖梁钢筋结构图。

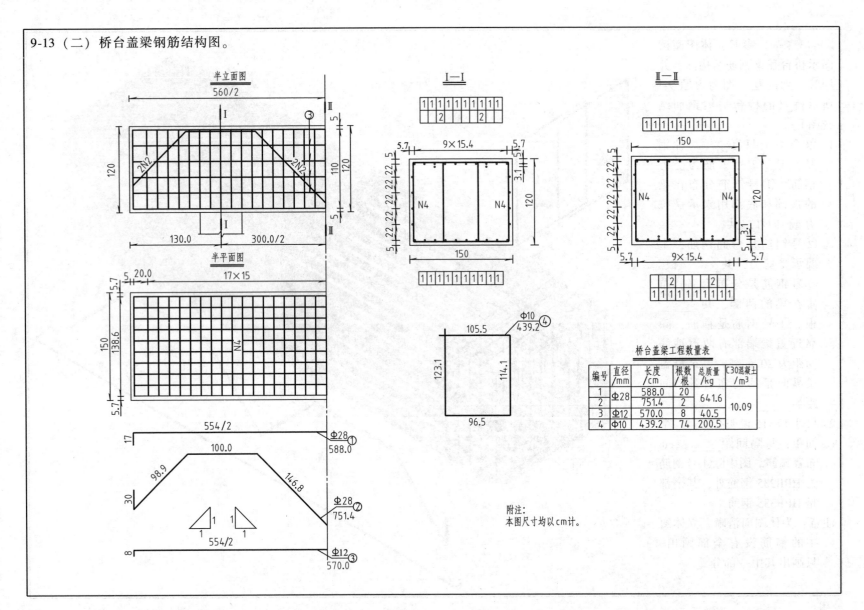

半立面图
560/2

半平面图

I—I

II—II

桥台盖梁工程数量表

编号	直径/mm	长度/cm	根数/根	总质量/kg	C30混凝土/m³
1	Φ28	588.0	20	641.6	10.09
2		751.4	2		
3	Φ12	570.0	8	40.5	
4	Φ10	439.2	74	200.5	

附注：
本图尺寸均以cm计。

*9-14（一）参照立体图阅读图示桥台基础钢筋结构图，并回答下列问题（图为习题9-1所示桥梁的桥台基础钢筋结构图）。

1. 图中共有四种钢筋，①、②、③、④号钢筋都是均匀分布，间距均为_____ cm。

2. ①号钢筋垂直于桥梁中心线，分布在基础底部，共_____根。②号钢筋_____于桥梁中心线，分布在基础_____部，共_____根。

③、④号钢筋都_____于桥梁中心线。③号钢筋分布在基础_____部，共_____根。④号钢筋分布在基础_____部，共_____根。

N2

N3

N4

N1

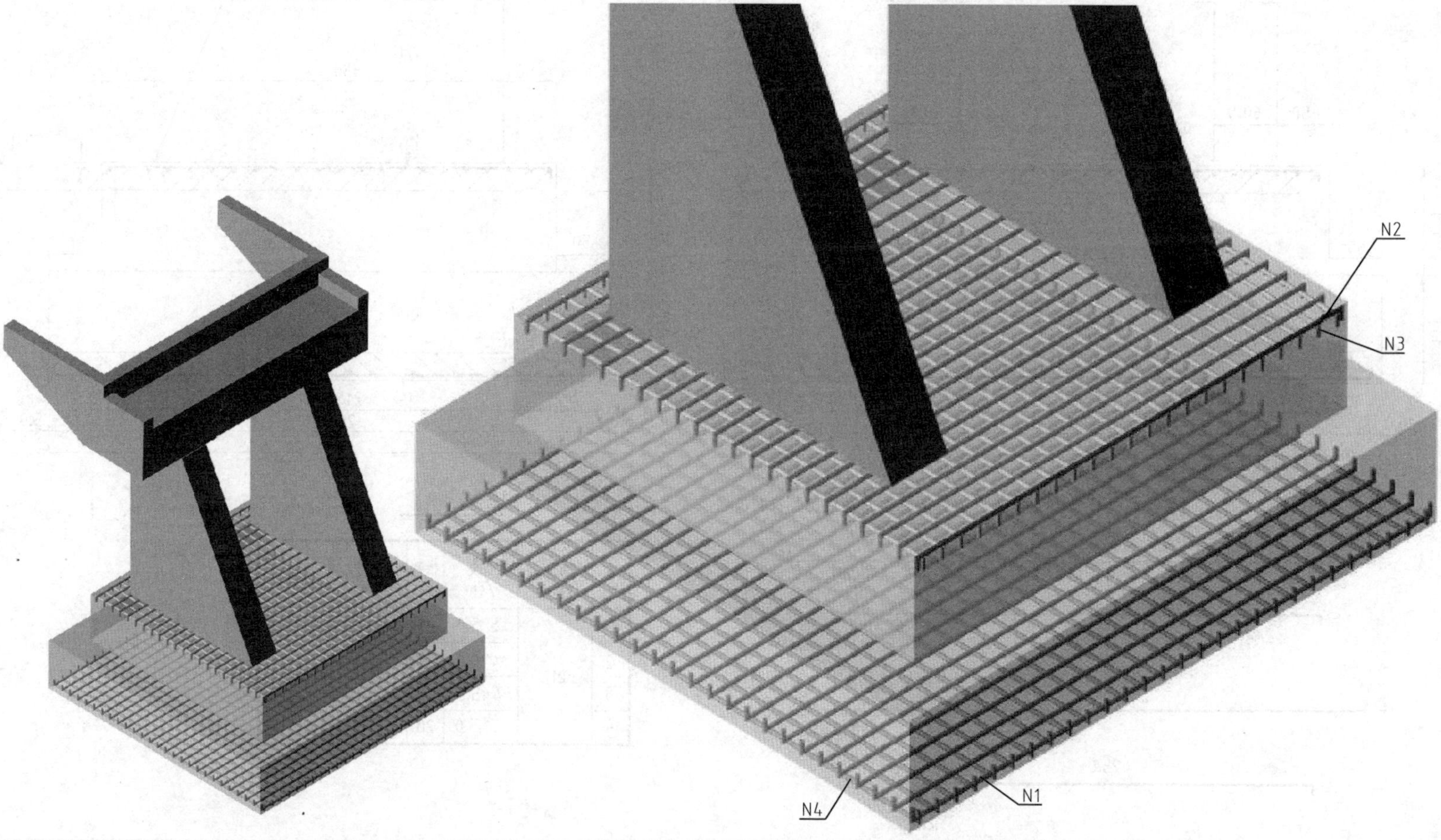

9-14（二）桥台基础钢筋结构图。

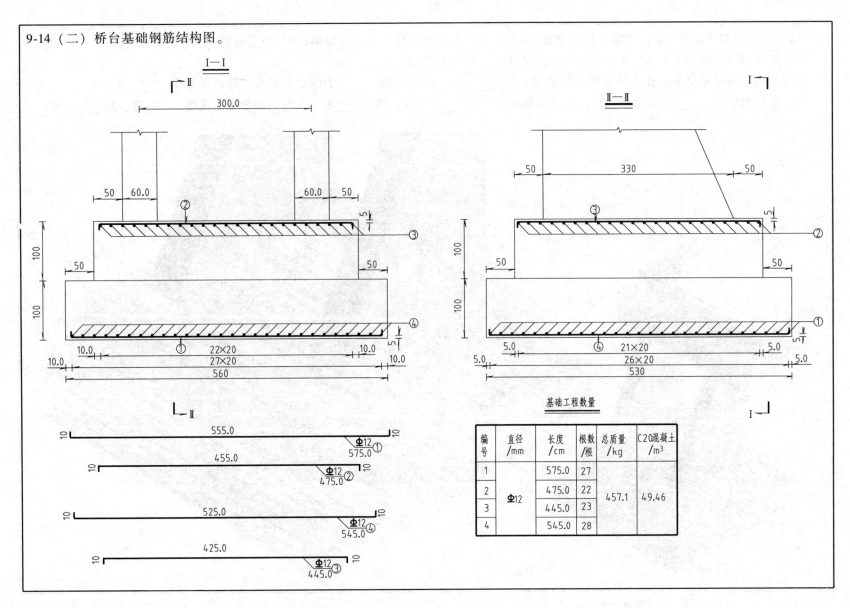

基础工程数量

编号	直径 /mm	长度 /cm	根数 /根	总质量 /kg	C20混凝土 /m³
1	Φ12	575.0	27	457.1	49.46
2		475.0	22		
3		445.0	23		
4		545.0	28		

第 10 章　涵洞工程图

10-1（一）　参照立体图阅读图示钢筋混凝土盖板涵一般构造图，并回答下列问题。

1. 该钢筋混凝土盖板涵洞顶无填土属于＿＿＿＿＿涵，路面宽度为＿＿＿＿＿cm，涵洞轴线与道路中心线的夹角为＿＿＿＿＿°。

2. 路基边坡的坡度为＿＿＿＿＿，涵洞净高度为＿＿＿＿＿cm。截水墙的长、宽、高分别为＿＿＿＿＿cm、＿＿＿＿＿cm、＿＿＿＿＿cm。

3. 洞底铺砌的厚度为＿＿＿＿＿cm，砂砾垫层的厚度为＿＿＿＿＿cm，洞口铺砌的厚度为＿＿＿＿＿cm，洞口铺砌的水平形状为＿＿＿＿＿形，洞底铺砌及砂砾垫层的水平形状为＿＿＿＿＿形，涵台基础的水平形状为＿＿＿＿＿形，洞口铺砌水平形状有两个角是直角，在立体图中指出其位置。大翼墙基础的水平形状为梯形，小翼墙基础的水平形状为直角＿＿＿＿＿形，洞顶盖板的水平形状为＿＿＿＿＿形。

4. 涵台基础高度为＿＿＿＿＿cm。

5. 在Ⅰ—Ⅰ断面图中指出涵台、涵台基础、台帽、洞底铺砌、砂砾垫层的断面。大样图Ⅰ—Ⅰ断面图的剖切平面与道路中心线的夹角为＿＿＿＿＿度。

6. 指出涵台、涵台基础、洞底铺砌、翼墙、翼墙基础、截水墙各为什么材料？＿＿＿＿＿、＿＿＿＿＿、＿＿＿＿＿、＿＿＿＿＿、＿＿＿＿＿、＿＿＿＿＿。

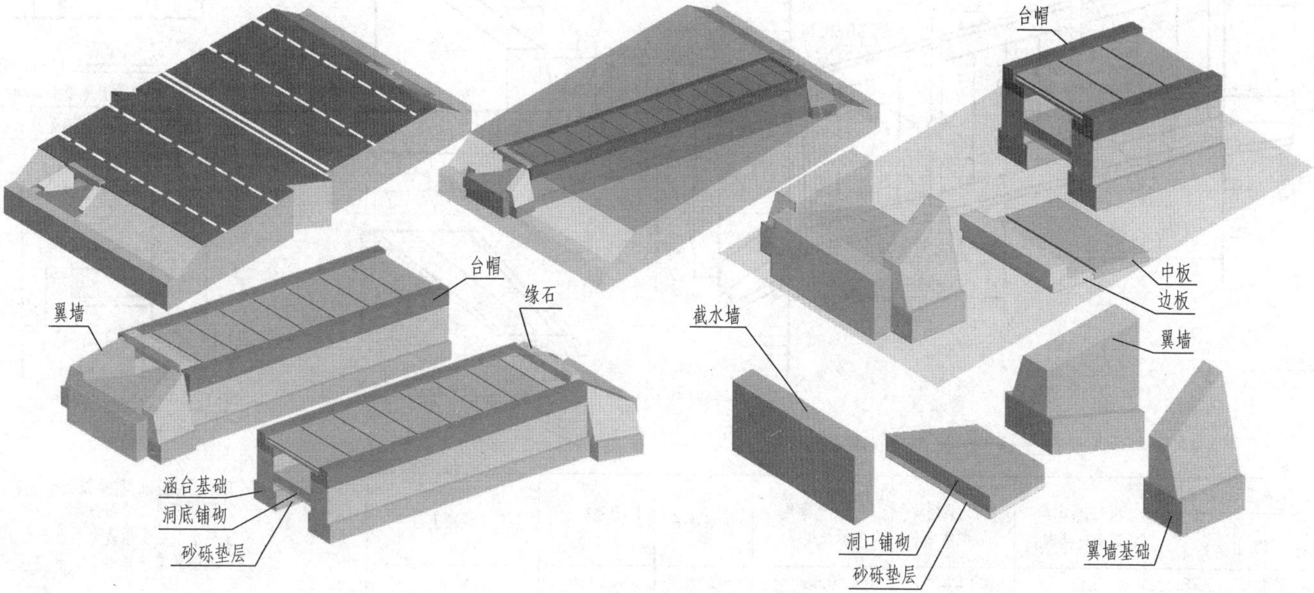

10-1（二）　钢筋混凝土盖板涵一般构造图。

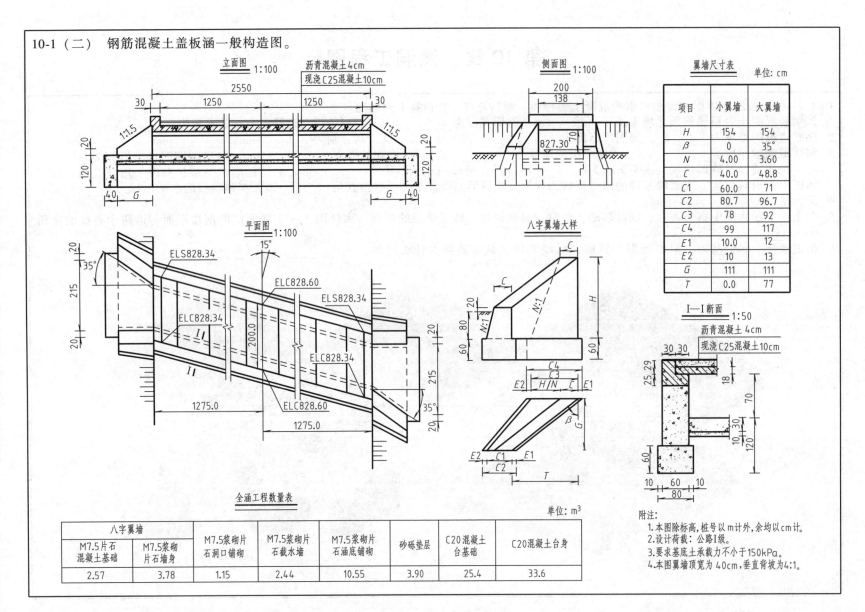

立面图 1:100

沥青混凝土4cm
现浇C25混凝土10cm

2550
30 1250 1250 30
1:1.5 1:1.5
120 20 20
40 G G 40

侧面图 1:100

200
138
827.30 7.0

翼墙尺寸表　　单位：cm

项目	小翼墙	大翼墙
H	154	154
β	0	35°
N	4.00	3.60
C	40.0	48.8
$C1$	60.0	71
$C2$	80.7	96.7
$C3$	78	92
$C4$	99	117
$E1$	10.0	12
$E2$	10	13
G	111	111
T	0.0	77

平面图 1:100

15°
35°
215 20 20
ELS828.34
ELC828.60
ELS828.34
ELC828.34
I—I
200.0
ELC828.34
215 20 20
ELC828.60
215 35°
1275.0
1275.0
20

八字翼墙大样

C
C
20 80
N:1
N:1
60 H
60
C4
C3
E2 H/N C E1
E2 C1 E1
C2
β G
T

I—I 断面 1:50

沥青混凝土 4cm
现浇C25混凝土10cm

30 30
25 29 18
70
10 30
120
60 10 30
60
10 60 10
80

附注：
1.本图除标高，桩号以m计外，余均以cm计。
2.设计荷载：公路I级。
3.要求基底土承载力不小于150kPa。
4.本图翼墙顶宽为40cm，垂直背坡为4:1。

全涵工程数量表

单位：m³

八字翼墙		M7.5浆砌片石洞口铺砌	M7.5浆砌片石截水墙	M7.5浆砌片石涵底铺砌	砂砾垫层	C20混凝土台基础	C20混凝土台身
M7.5片石混凝土基础	M7.5浆砌片石墙身						
2.57	3.78	1.15	2.44	10.55	3.90	25.4	33.6

10-2（一） 参照立体图阅读图示钢筋混凝土圆管涵一般构造图，并回答下列问题。

1. 该钢筋混凝土圆管涵洞顶道路中心线处填土高度为_____ cm，属于暗涵，路面宽度为_____ cm。

2. 路基边坡的坡度为_____，锥形护坡长轴半径为_____ cm，短轴半径为_____ cm。

3. 混凝土圆管直径为_____ cm，圆管壁厚为_____ cm，洞口铺砌的厚度为_____ cm，洞口铺砌的水平形状为_____形。

4. 在涵身横断面图中指出圆管、圆管涵基础（端部及中部）、砂砾垫层的断面（端部及中部）及防水层断面。

5. 指出缘石、洞口铺砌、端墙、端墙基础、截水墙、防水层各为什么材料？_____、_____、_____、_____、_____、_____。

6. 全涵有_____种长度的圆管，2m 长度的有_____节，_____m 长度的有 2 节。涵洞全长范围内设沉降缝_____道，其位置以设在何处为宜。

7. 涵洞轴线处道路中心路基的设计标高为_____ m，涵洞轴线处路基边缘的设计标高为_____ m。

8. 圆管涵底部在道路中心线处的标高为_____ m，左右两侧，哪一侧为进洞口？_____。

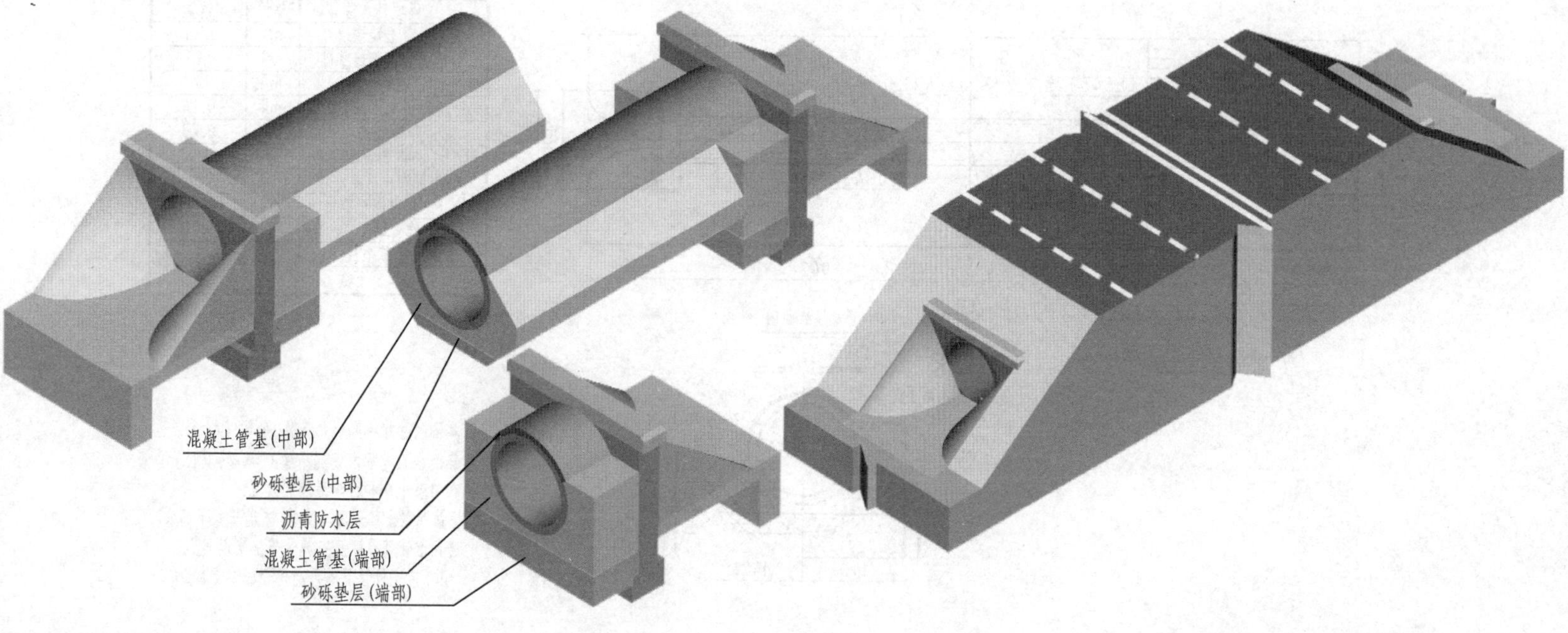

混凝土管基(中部)

砂砾垫层(中部)

沥青防水层

混凝土管基(端部)

砂砾垫层(端部)

10-2（二）　钢筋混凝土圆管涵一般构造图。

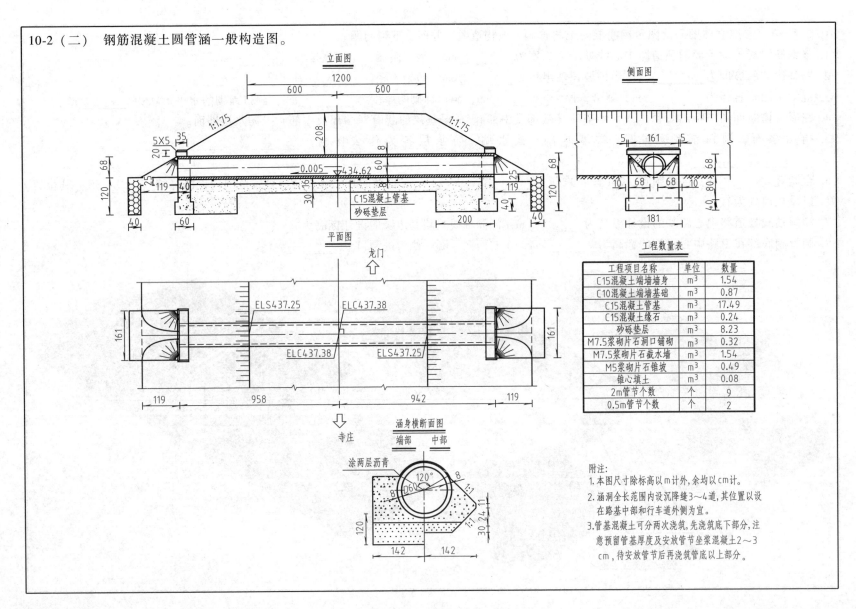

立面图

侧面图

平面图

涵身横断面图

工程数量表

工程项目名称	单位	数量
C15混凝土端墙墙身	m³	1.54
C10混凝土端墙基础	m³	0.87
C15混凝土管基	m³	17.49
C15混凝土缘石	m³	0.24
砂砾垫层	m³	8.23
M7.5浆砌片石洞口铺砌	m³	0.32
M7.5浆砌片石截水墙	m³	1.54
M5浆砌片石锥坡	m³	0.49
锥心填土	m³	0.08
2m管节个数	个	9
0.5m管节个数	个	2

附注:
1. 本图尺寸除标高以m计外,余均以cm计。
2. 涵洞全长范围内设沉降缝3～4道,其位置以设在路基中部和行车道外侧为宜。
3. 管基混凝土可分两次浇筑,先浇筑底下部分,注意预留管基厚度及安放管节坐浆混凝土2～3cm,待安放管节后再浇筑管底以上部分。

98

10-3（一） 参照立体图阅读图示石拱涵一般构造图，并回答下列问题。

1. 该石拱涵全长为_____cm，路基宽度为_____cm，路基边坡的坡度为_____。洞口锥坡长轴半径为_____cm，短轴半径为_____cm，高度为_____cm。涵台基础长度为_____cm，高度为_____cm。
2. 洞底铺砌、洞底垫层的厚度分别为_____cm、_____cm。
3. 分析每一构件的投影情况，想象各构件的形状。

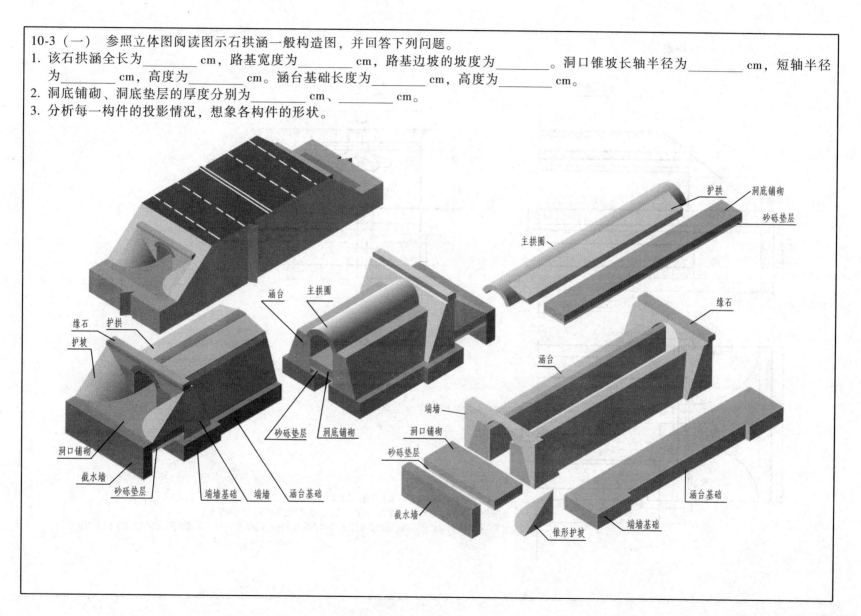

10-3（二）　石拱涵一般构造图。

半纵剖面图

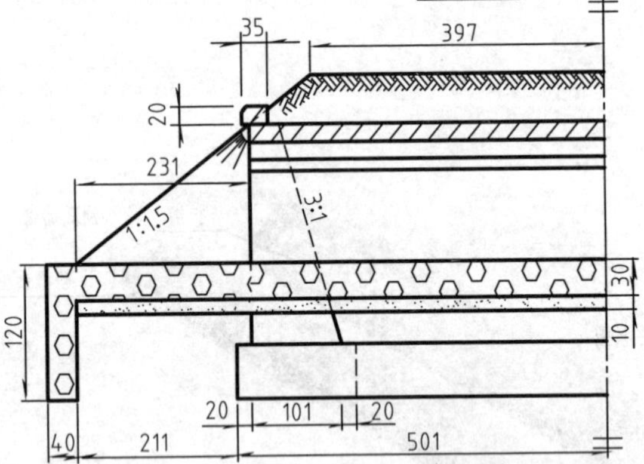

洞口立面图

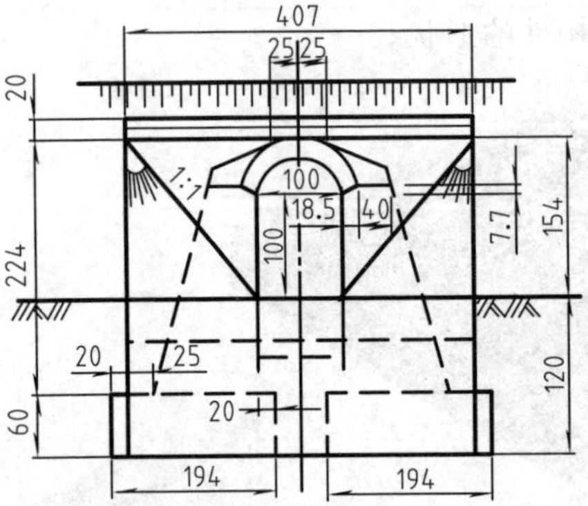

半平面图

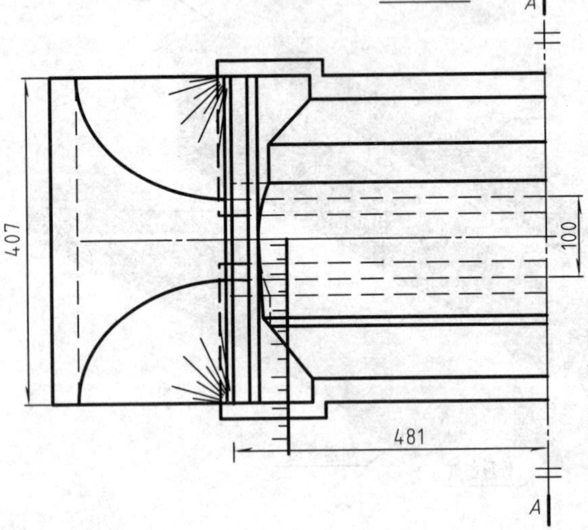

附注：
1. 本图尺寸均以cm为单位。
2. 本涵地基承载能力为200kPa。载荷等级：公路Ⅱ级。
3. 沉降缝设在路基中部，贯穿整个断面，缝宽1～2cm，缝内填粘土胶泥，外用砂浆抹平。
4. 材料：除拱圈用MU30块石、M7.5砂浆砌筑外，涵台外露部分块石镶面，厚度为5cm，其余用MU30大片石、M5砂浆砌筑。

10-4（一）参照立体图阅读图示箱涵一般构造图，并回答下列问题。

1. 该涵洞顶部道路中心线处的填土高度为＿＿＿＿ cm，路基宽度为＿＿＿＿ cm，路基边坡的坡度为＿＿＿＿。洞底道路中心线处的标高为
　　＿＿＿＿ m。

2. 洞身端部、中部砂砾垫层的厚度分别为＿＿＿＿ cm、＿＿＿＿ cm，混凝土基础的厚度为＿＿＿＿ cm。

3. 钢筋混凝土洞身顶部、底部的厚度为＿＿＿＿ cm，前后侧壁的厚度为＿＿＿＿ cm。

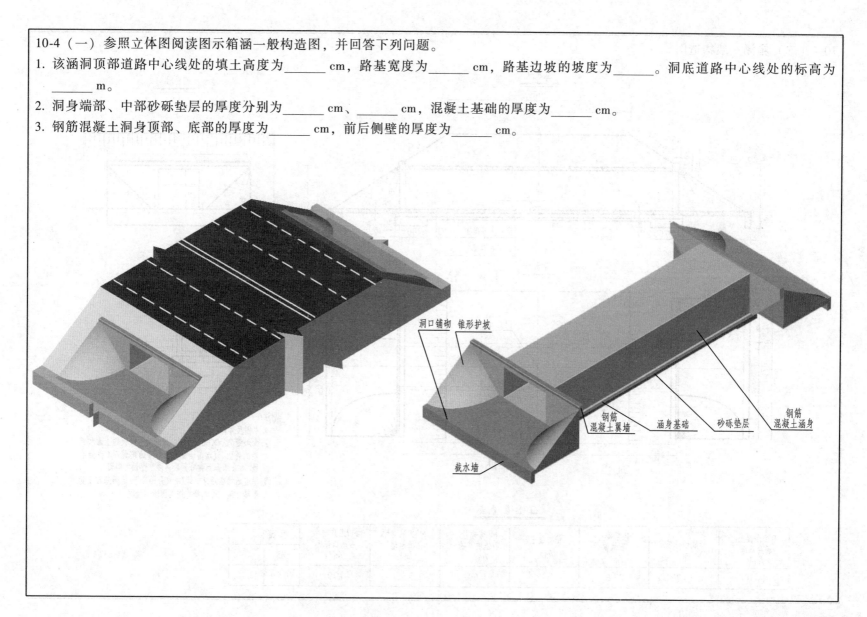

洞口铺砌　锥形护坡

钢筋
混凝土翼墙　涵身基础　砂砾垫层　钢筋
混凝土涵身

截水墙

10-4（二）箱涵一般构造图。

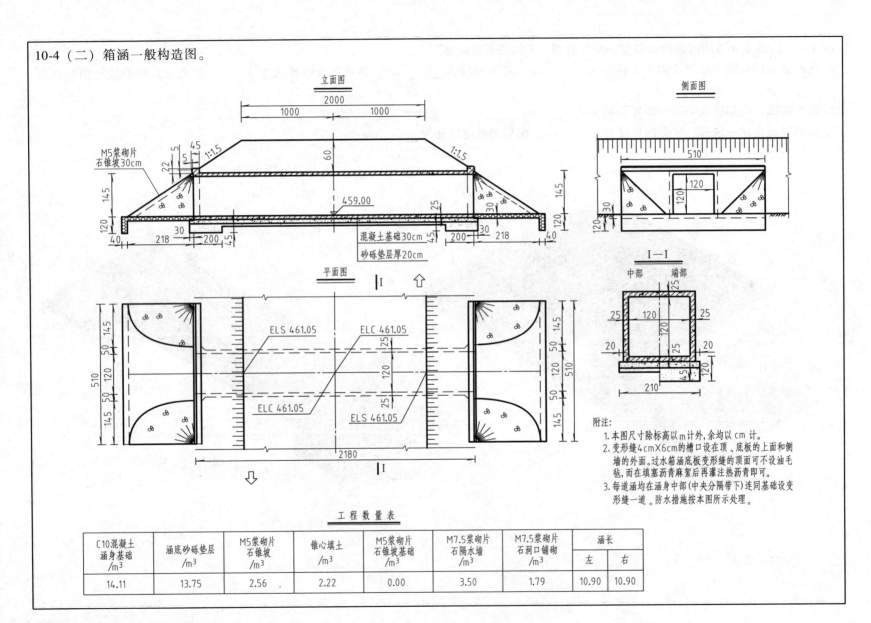

立面图

侧面图

平面图

M5浆砌片石锥坡30cm

混凝土基础30cm
砂砾垫层厚20cm

ELS 461.05 ELC 461.05

ELC 461.05

ELS 461.05

I—I

中部　端部

附注：
1. 本图尺寸除标高以m计外，余均以cm计。
2. 变形缝4cm×6cm的槽口设在顶、底板的上面和侧墙的外面。过水箱涵底板变形缝的顶面可不设油毛毡，而在填塞沥青麻絮后再灌注热沥青即可。
3. 每道涵均在涵身中部(中央分隔带下)连同基础设变形缝一道。防水措施按本图所示处理。

工 程 数 量 表

C10混凝土涵身基础/m³	涵底砂砾垫层/m³	M5浆砌片石锥坡/m³	锥心填土/m³	M5浆砌片石锥坡基础/m³	M7.5浆砌片石隔水墙/m³	M7.5浆砌片石洞口铺砌/m³	涵长	
							左	右
14.11	13.75	2.56	2.22	0.00	3.50	1.79	10.90	10.90

*10-5 （一） 参照立体图阅读图示钢筋混凝土盖板涵一般构造图，并回答下列问题。

1. 该钢筋混凝土盖板涵洞顶道路中心线处填土高度为_____ cm，属于暗涵，路面宽度为_____ cm，涵洞轴线与道路中心线的夹角为_____。

2. 路基边坡的坡度为_____，涵洞净高为_____ cm。截水墙的长、宽、高为_____ cm、_____ cm、_____ cm，锥形护坡1/4椭圆锥长轴与道路中心线的夹角为_____。锥形护坡浆砌片石厚度为_____ cm。

3. 洞底铺砌的厚度为_____ cm，砂砾垫层的厚度为_____ cm，洞口铺砌的厚度为_____ cm，洞口铺砌的水平形状为_____形，截水墙的水平形状为_____形，洞顶盖板的水平形状为_____形。

4. 涵台基础高度为_____ cm。

5. 在Ⅰ—Ⅰ断面图中指出涵台、涵台基础、台帽、洞底铺砌、砂砾垫层的断面。Ⅰ—Ⅰ断面图的剖切平面与道路中心线的夹角为_____。

6. 指出涵台、涵台基础、洞底铺砌、锥形护坡、洞口铺砌、截水墙各为什么材料？_____、_____、_____、_____、_____、_____。

7. 立面图是全剖面图，剖切平面通过_____位置。

8. 涵洞轴线处道路中心路基的设计标高为_____ m，涵洞轴线处路基边缘的设计标高为_____ m。

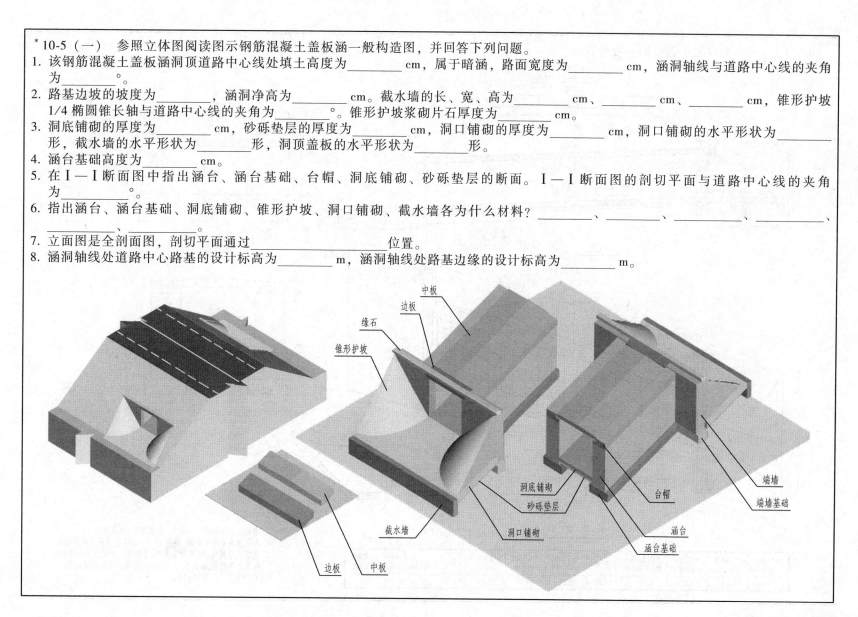

103

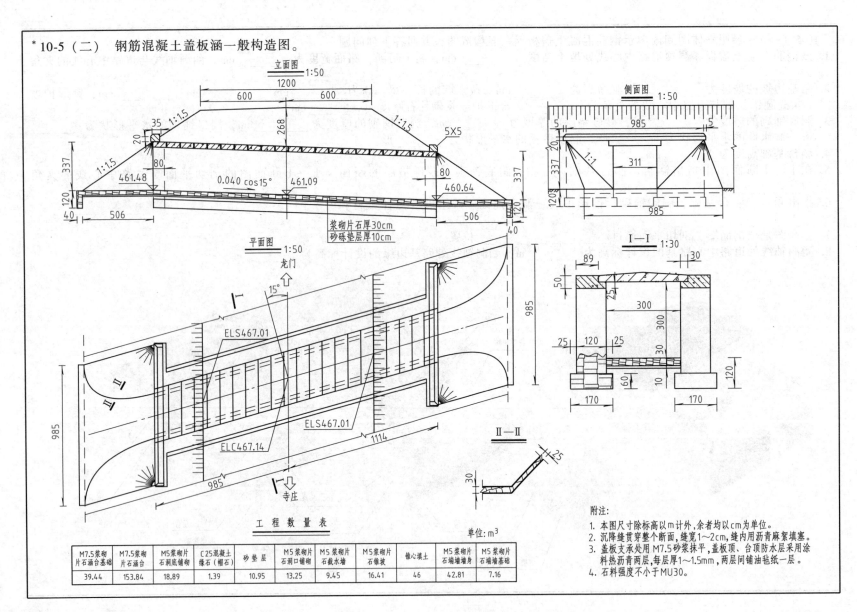

*10-5（二） 钢筋混凝土盖板涵一般构造图。

立面图 1:50

侧面图 1:50

平面图 1:50

龙门

寺庄

I—I 1:30

II—II

浆砌片石厚30cm
砂砾垫层厚10cm

工 程 数 量 表

单位：m³

M7.5浆砌 片石涵台基础	M7.5浆砌 片石涵台	M5浆砌片 石洞底铺砌	C25混凝土 缘石（帽石）	砂垫层	M5浆砌片 石洞口铺砌	M5浆砌片 石截水墙	M5浆砌片 石锥坡	锥心填土	M5浆砌片 石端墙墙身	M5浆砌片 石端墙基础
39.44	153.84	18.89	1.39	10.95	13.25	9.45	16.41	46	42.81	7.16

附注：
1. 本图尺寸除标高以m计外，余者均以cm为单位。
2. 沉降缝贯穿整个断面，缝宽1～2cm，缝内用沥青麻絮填塞。
3. 盖板支承处用M7.5砂浆抹平，盖板顶、台顶防水层采用涂料热沥青两层，每层厚1～1.5mm，两层间铺油毡纸一层。
4. 石料强度不小于MU30。

*10-6（一）　参照立体图阅读图示钢筋混凝土圆管涵一般构造图，并回答下列问题。

注：该钢筋混凝土圆管涵一般构造图的平面图中没有画出端墙基础的投影，也没画出圆管基础及砂砾垫层的投影，这也是工程图中常见的画法，读图时应该注意这一情况。

1. 混凝土圆管直径为_____cm，圆管壁厚为_____cm，洞口铺砌的厚度为_____cm，进洞口洞口铺砌的水平形状为_____形，出洞口洞口铺砌的水平形状为_____形。

2. 圆管涵底部在道路中心线处的标高为_____m，进洞口采用什么形式的洞口_____，出洞口采用什么形式的洞口_____。

3. 指出缘石、洞口铺砌、端墙、翼墙、截水墙各为什么材料？_____、_____、_____、_____节。

4. 全涵有哪几种长度的圆管，_____m 长度的有_____节，_____m 长度的有_____节。涵洞全长范围内设沉降缝_____道，其位置以设在何处为宜？_____。

5. 该钢筋混凝土圆管涵路基边坡的坡度为_____。

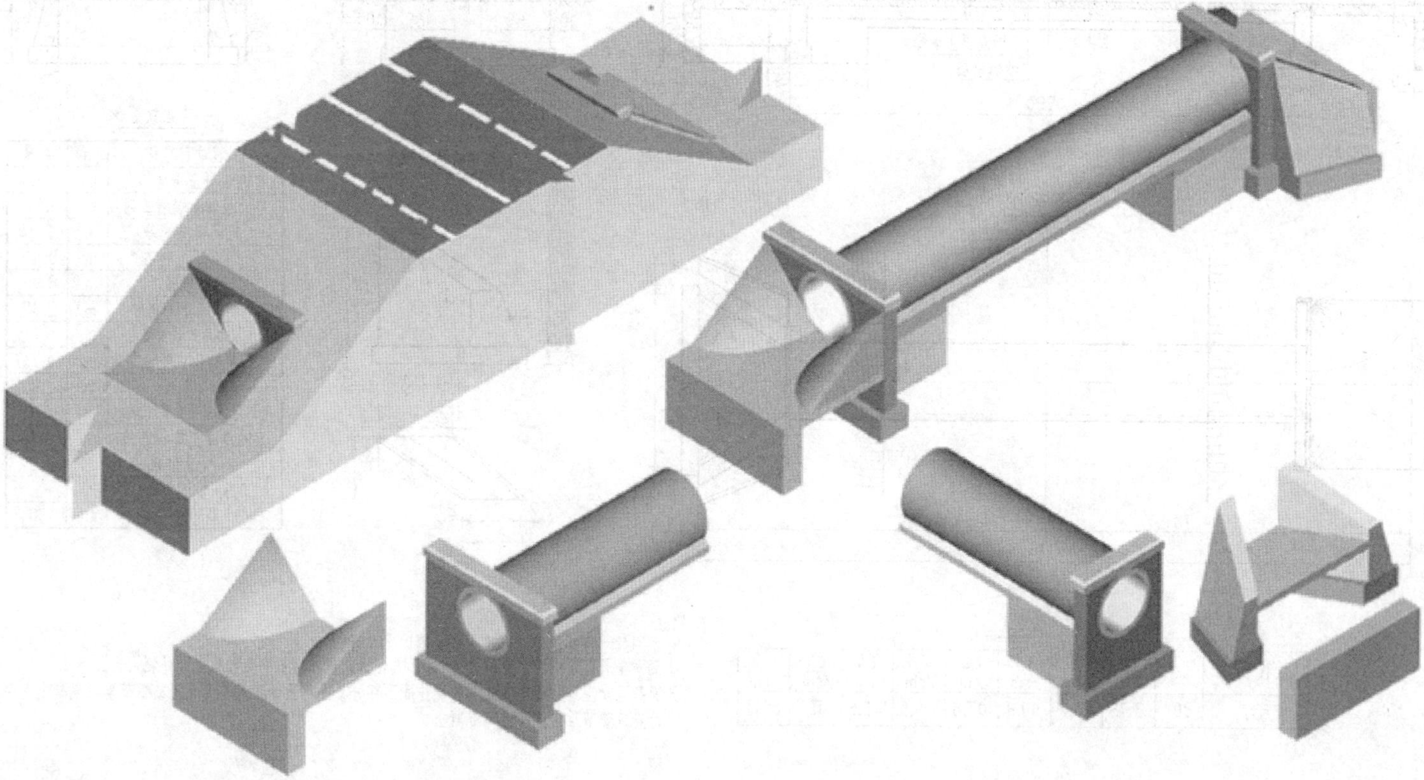

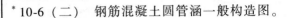

*10-6（二） 钢筋混凝土圆管涵一般构造图。

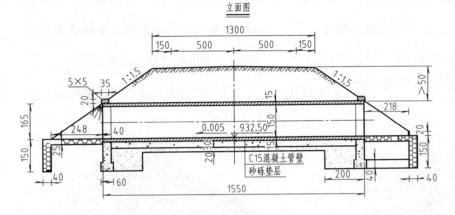

立面图

下游洞口立面图

上游洞口立面图

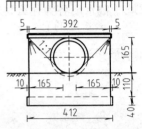

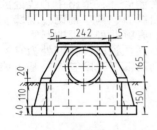

C15混凝土管壁

砂砾垫层

平面图

洞口八字翼墙大样图

工程数量表

工程项目名称	单位	数量
C15混凝土端墙墙身	m³	4.94
C10混凝土端墙基础	m³	1.62
C15混凝土管基	m³	12.74
C15混凝土缘石	m³	0.46
砂砾垫层	m³	8.96
M7.5浆砌片石洞口铺砌	m³	2.32
M7.5浆砌片石截水墙	m³	5.00
M7.5浆砌片石锥坡	m³	1.71
锥心填土	m³	1.82
C15混凝土八字翼墙墙身	m³	6.75
C10混凝土翼墙基础	m³	2.14
1m管节个数	个	15
0.5m管节个数	个	1
2个斜管节长度	cm	10

尺寸表

代号	β	N	C /cm	C1 /cm	C2 /cm	C3 /cm	C4 /cm	E1 /cm	E2 /cm
尺寸	30°	3.75	46.2	80.8	103.8	119.5	142.5	12	11

附注：
1. 本图尺寸除标高以m计外，其余均以cm计。
2. 涵洞全长范围内设沉降缝3～4道，其位置以设在路基中部和行车道外侧为宜。
3. 管基混凝土可分两次浇注，先浇注底下部分，注意预留管基厚度及安放管节坐浆混凝土2～3cm，
   待安放管节后再浇注上部混凝土。

* 10-7 （一） 参照立体图阅读图示石拱涵一般构造图，并回答下列问题。

注：该拱涵的左侧地面高度较高，右侧较低，在 10.8m 的范围内高度差为 1015.50m－1014.42m＝1.08m，坡度可达 10%，该涵洞分成三段，每一段与另一段有一定的落差，图上有标注。该图的水平投影是假想去掉护拱后的投影（应该注意的是工程中的涵洞图的水平投影往往省略许多线条，如果是这样的话就一定要结合涵洞构件图仔细阅读）。

1. 该石拱涵洞顶道路中心线处的填土高度为_____ cm，路基宽度为_____ cm。路基边坡的坡度为_____。洞底道路中心线处的标高是_____，洞底坡度为_____，两段涵身之间的落差是_____ cm。中间段涵身两端之间的水平距离为_____ cm。

2. 在涵身断面图中指出涵台基础、涵台、拱圈、护拱、洞底铺砌、洞底垫层的断面。端墙基础的宽度为_____ cm，涵台基础的高度为_____ cm。

3. 洞底铺砌、洞底垫层的厚度分别为_____ cm、_____ cm。

4. 分析每一构件的投影情况，想象各构件的形状。

*10-7（二）石拱涵一般构造图。

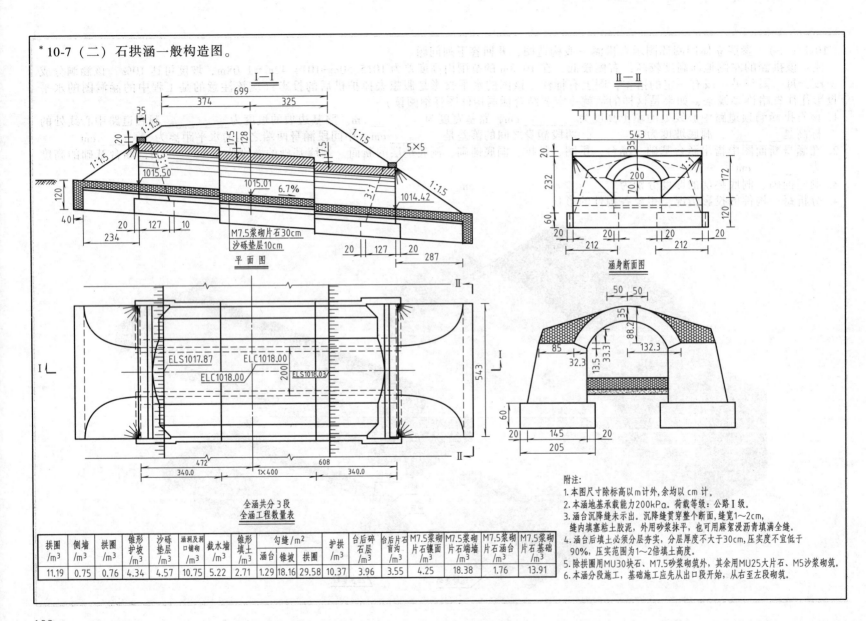

I—I

平面图

涵身断面图

全涵共分3段
全涵工程数量表

拱圈 /m³	侧墙 /m³	拱圈 /m³	锥形护坡 /m³	沙砾垫层 /m³	涵洞及洞口铺砌 /m³	截水墙 /m³	锥形填土 /m³	勾缝/m² 涵台	勾缝/m² 锥坡	勾缝/m² 拱圈	护拱 /m³	台后碎石层 /m³	台后片石盲沟 /m³	M7.5浆砌片石镶面 /m³	M7.5浆砌片石端墙 /m³	M7.5浆砌片石涵台 /m³	M7.5浆砌片石基础 /m³
11.19	0.75	0.76	4.34	4.57	10.75	5.22	2.71	1.29	18.16	29.58	10.37	3.96	3.55	4.25	18.38	1.76	13.91

附注:
1. 本图尺寸除标高以m计外,余均以cm计。
2. 本涵地基承载能力200kPa。荷载等级:公路Ⅰ级。
3. 涵台沉降缝未示出。沉降缝贯穿整个断面,缝宽1～2cm,缝内填塞粘土胶泥,外用砂浆抹平,也可用麻絮浸沥青填满全缝。
4. 涵台后填土必须分层夯实,分层厚度不大于30cm,压实度不宜低于90%,压实范围为1～2倍填土高度。
5. 除拱圈用MU30块石、M7.5砂浆砌外,其余用MU25大片石、M5沙浆砌筑。
6. 本涵分段施工,基础施工应先从出口段开始,从右至左段砌筑。

108

第 11 章 隧道工程图

11-1 （一） 参照立体图阅读图示隧道洞口投影图，并回答下列问题。

1. 立面图是垂直于路线中心线的剖面图，剖切平面在_____前。侧面投影图为纵剖面图，剖切平面通过路线中心线，投影方向为从_____向_____。

2. 该隧道洞门桩号为_____，洞门衬砌由拱圈和仰拱组成，拱圈外径为_____cm，内径为_____cm，洞门衬砌拱顶的厚度为_____cm。

3. 从平面图中可见洞内排水沟与洞外边沟的汇集情况及排水路径，由洞内外水沟处标注的箭头可以看出排水路径是由洞_____排向洞_____。

4. 明洞回填在底部是 600cm 高的浆砌片石回填，之上是夯实碎石土，请在立体图中标出明洞回填及夯实碎石土的位置。

5. 从正面投影图中可以看出洞顶排水沟的走向及排水坡度，排水沟的坡度分为三段，每段的坡度分别为_____、_____、_____。

6. 从水平投影图中可以看出行车道、硬路肩、土路肩、边沟、碎落台的宽度分别为_____cm、_____cm、_____cm、_____cm、_____cm。

7. 由侧面图可见明洞洞顶仰坡坡度为_____，暗洞洞顶仰坡坡度为_____。

8. 由立面图可见洞口边坡分为两级，中间设置平台，边坡坡度为_____，平台宽度为_____cm。

9. 明暗洞交界处的桩号为_____。

洞门前横断面立体示意图

洞门外观图

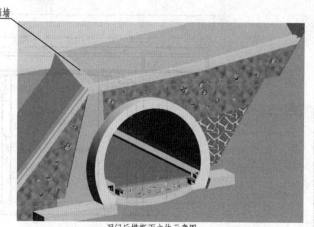

洞门后横断面立体示意图

11-1（二） 隧道洞口投影图。

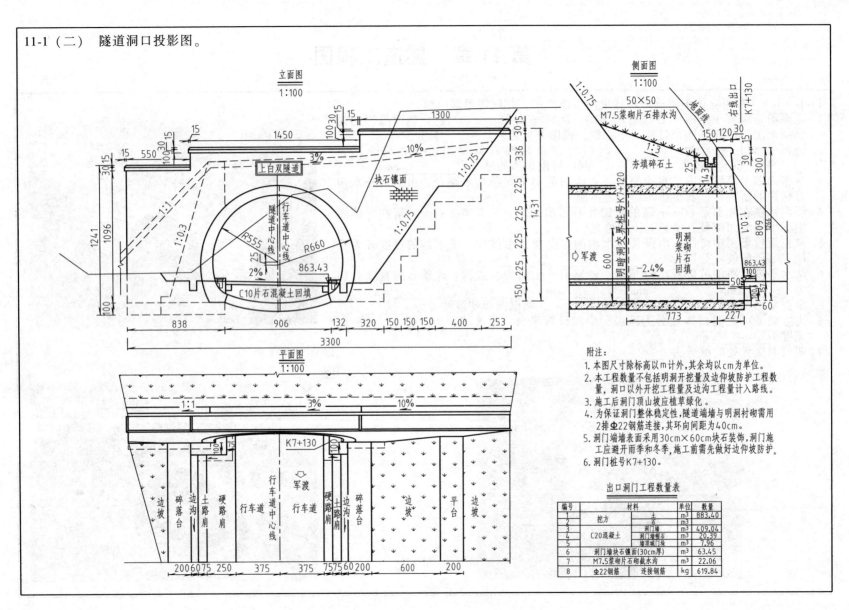

立面图
1:100

侧面图
1:100

平面图
1:100

附注：
1. 本图尺寸除标高以m计外，其余均以cm为单位。
2. 本工程数量不包括明洞开挖量及边仰坡防护工程数量，洞口以外开挖工程量及边沟工程量计入路线。
3. 施工后洞门顶山坡应植草绿化。
4. 为保证洞门整体稳定性，隧道端墙与明洞衬砌需用2排Φ22钢筋连接，其环向间距为40cm。
5. 洞门端墙表面采用30cm×60cm块石装饰，洞门施工应避开雨季和冬季，施工前需先做好边仰坡防护。
6. 洞门桩号K7+130。

出口洞门工程数量表

编号	材料		单位	数量
1	挖方	土	m³	883.40
2		石	m³	
3	C20混凝土	洞门墙	m³	409.04
4		洞门帽石	m³	20.39
5		墙顶城门珠	m³	7.96
6	洞门墙块石镶面（30cm厚）		m³	63.45
7	M7.5浆砌片石砌截水沟		m³	22.06
8	Φ22钢筋	连接钢筋	kg	619.84

11-2 阅读图示隧道衬砌断面设计图，回答提出的问题。

1. 该设计图适用于Ⅲ级围岩段。该围岩段采用了曲墙式复合衬砌，由于Ⅲ级围岩段围岩稳定，没有设置超前支护，初期支护也比较简单。初期支护有φ22mm砂浆锚杆、挂设钢筋网片和喷射混凝土。初次支护的径向锚杆长度为_____ m，径向锚杆纵向间距为_____ cm，挂网钢筋直径为_____ cm，钢筋网片网格尺寸为_____。喷射混凝土厚度为_____ cm。

2. 二次衬砌现浇 C25 混凝土的厚度为_____ cm，其外圈直径为_____ cm，内圈直径为_____ cm。

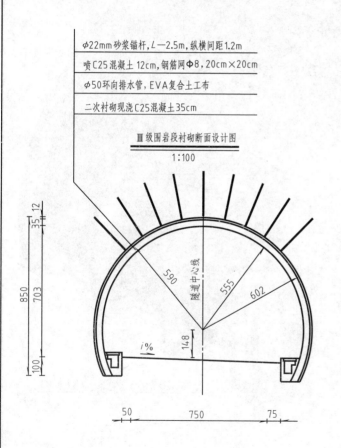

Ⅲ级围岩段衬砌断面设计图
1:100

每延米工程数量表

序号	项目	规格	单位	数量	备注
1	土石开挖	次坚石	m³	82.97	
2	砂浆锚杆	φ22(mm)	kg	55.9	
3	φ8钢筋网片	20cm×20cm	kg	48.0	局部挂网
4	喷混凝土	C25	m³	2.9	
5	拱圈二次衬砌	C25	m³	8.2	
6	喷涂		m²	20.19	

φ22mm砂浆锚杆，L—2.5m，纵横间距1.2m
喷C25混凝土 12cm，钢筋网Φ8，20cm×20cm
φ50环向排水管，EVA复合土工布
二次衬砌现浇C25混凝土35cm

附注:
1. 本图尺寸除钢筋直径以mm计外，余均以 cm 计。
2. 本图适用于Ⅲ级围岩段。
3. 施工中若围岩划分与实际不符时，应根据围岩监控量测结果，及时调整开挖方式和修正支护参数。
4. 钢筋网仅在围岩较破碎处铺设，工程量按全断面的一半计算。
5. 隧道施工预留变形量5cm。
6. 边墙可根据稳定情况，适当加设锚杆。

11-3（一） 参照立体图阅读图示 V 级围岩
浅埋段钢拱架支撑构造图，并
回答下列问题。

1. 主拱圈位置钢拱架支撑的内圈直径为
_____ cm，外圈直径为_____ cm。

2. 两榀钢拱架之间的纵向间距为_____
cm，并在两榀钢拱架之间焊接有纵向连
接钢筋 2，纵向连接钢筋 2 的环向距离为
100cm。一榀钢拱架有纵向连接钢筋 2 共
_____根。

3. 钢拱架采用工字钢型号为_____，工
字钢高度为_____ cm。

4. 接点 A 处经螺栓拼接，每个接点处有
_____个螺栓连接，每一榀钢拱架上共
_____个螺栓连接，连接钢板的尺寸为
_____ cm×_____ cm×_____ cm。

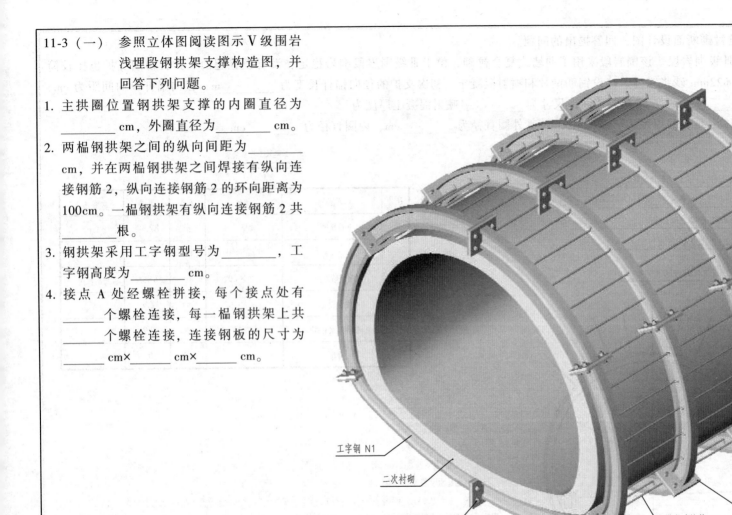

工字钢 N1

二次衬砌

螺栓与螺母

纵向连接筋 N2

连接钢板 N3

11-3（二） Ⅴ级围岩浅埋段钢拱架支撑构造图。

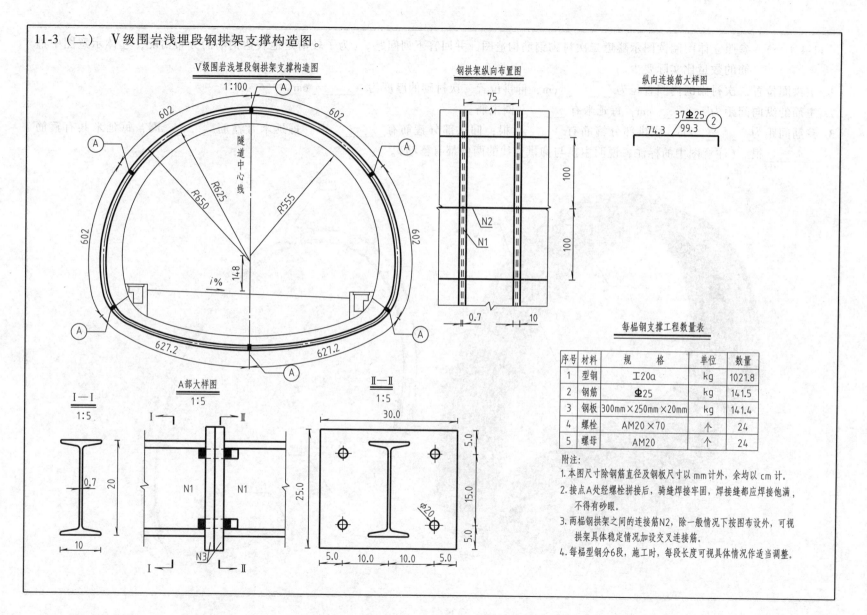

Ⅴ级围岩浅埋段钢拱架支撑构造图
1:100

钢拱架纵向布置图

纵向连接筋大样图

I—I
1:5

A部大样图
1:5

Ⅱ—Ⅱ
1:5

每榀钢支撑工程数量表

序号	材料	规　　格	单位	数量
1	型钢	工20a	kg	1021.8
2	钢筋	Φ25	kg	141.5
3	钢板	300mm×250mm×20mm	kg	141.4
4	螺栓	AM20×70	个	24
5	螺母	AM20	个	24

附注：
1. 本图尺寸除钢筋直径及钢板尺寸以 mm 计外，余均以 cm 计。
2. 接点A处经螺栓拼接后，骑缝焊接牢固，焊接缝都应焊接饱满，不得有砂眼。
3. 两榀钢拱架之间的连接筋N2，除一般情况下按图布设外，可视拱架具体稳定情况加设交叉连接筋。
4. 每榀型钢分6段，施工时，每段长度可视具体情况作适当调整。

*11-4（一） 参照立体图阅读图示隧道二次衬砌钢筋构造图，并回答下列问题。（为了较清楚地表达钢筋的分布情况，立体示意图中箍筋的数量比实际要少。）

1. 主拱圈位置二次衬砌的内圈直径为_____cm，仰拱位置二次衬砌的厚度为_____cm。

2. 主筋的纵向间距为_____cm，每延米有_____圈主筋。

3. 箍筋间距为_____cm，主拱部分箍筋有_____根；仰拱部分箍筋有_____根。每延米有箍筋_____圈，每延米共有箍筋_____根。（注意图中的标注，说明主拱与仰拱交线的两侧都有箍筋）。

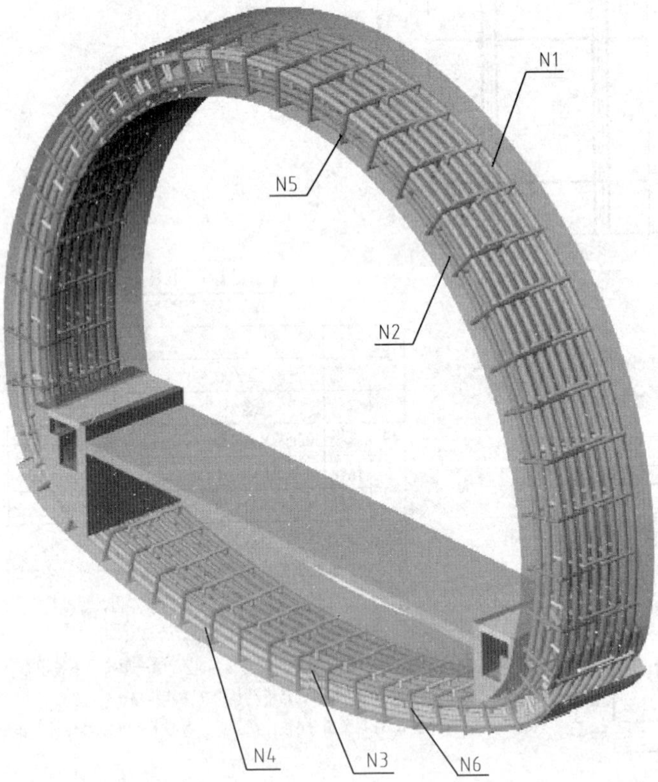

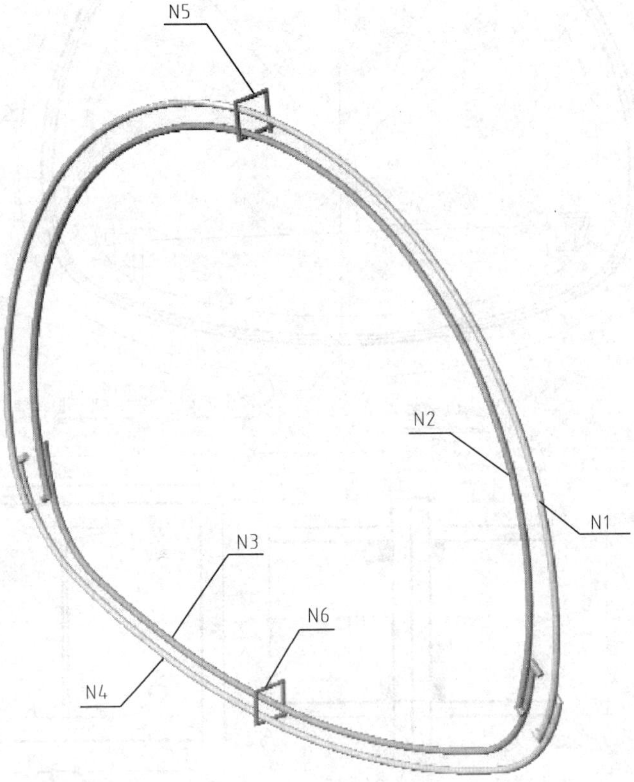

11-4（二） 隧道二次衬砌钢筋构造图。

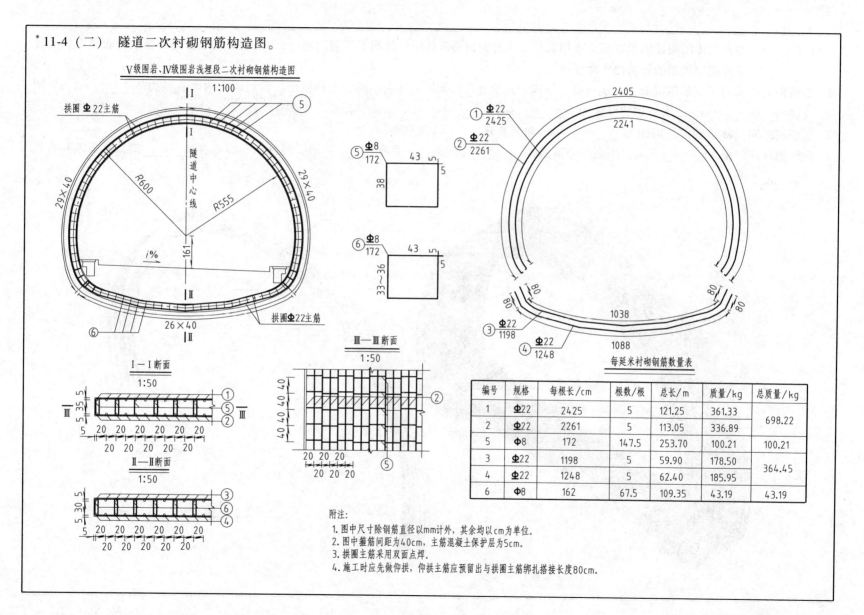

V级围岩、IV级围岩浅埋段二次衬砌钢筋构造图

1:100

拱圈 Φ22主筋

隧道中心线

R600

R555

i%

29×40

29×40

26×40

拱圈 Φ22主筋

I—I 断面 1:50

II—II 断面 1:50

III—III 断面 1:50

每延米衬砌钢筋数量表

编号	规格	每根长/cm	根数/根	总长/m	质量/kg	总质量/kg
1	Φ22	2425	5	121.25	361.33	698.22
2	Φ22	2261	5	113.05	336.89	
5	Φ8	172	147.5	253.70	100.21	100.21
3	Φ22	1198	5	59.90	178.50	364.45
4	Φ22	1248	5	62.40	185.95	
6	Φ8	162	67.5	109.35	43.19	43.19

附注：
1. 图中尺寸除钢筋直径以mm计外，其余均以cm为单位。
2. 图中箍筋间距为40cm，主筋混凝土保护层为5cm。
3. 拱圈主筋采用双面点焊。
4. 施工时应先做仰拱，仰拱主筋应预留出与拱圈主筋绑扎搭接长度80cm。

*11-5（一） 参照立体图阅读图示隧道Ⅲ级围岩段二次衬砌钢筋设计图，并回答下列问题。（为了较清楚地表达钢筋的分布情况，立体示意图中箍筋的数量比实际要少。）

1. Ⅲ级围岩段采用了钢筋钢混凝土二次衬砌，该围岩段没有设置仰拱只有主拱圈，主拱圈的二次衬砌的内圈直径为_____cm，外圈直径为_____cm，二次衬砌的厚度为_____cm。

2. 主筋的纵向（隧道轴向）间距为_____cm，每延米有_____圈主筋。

3. 箍筋的环向间距为_____cm，拱圈部分箍筋有_____个间距，一圈有_____根，每延米有箍筋有_____圈，每延米共有箍筋_____根。

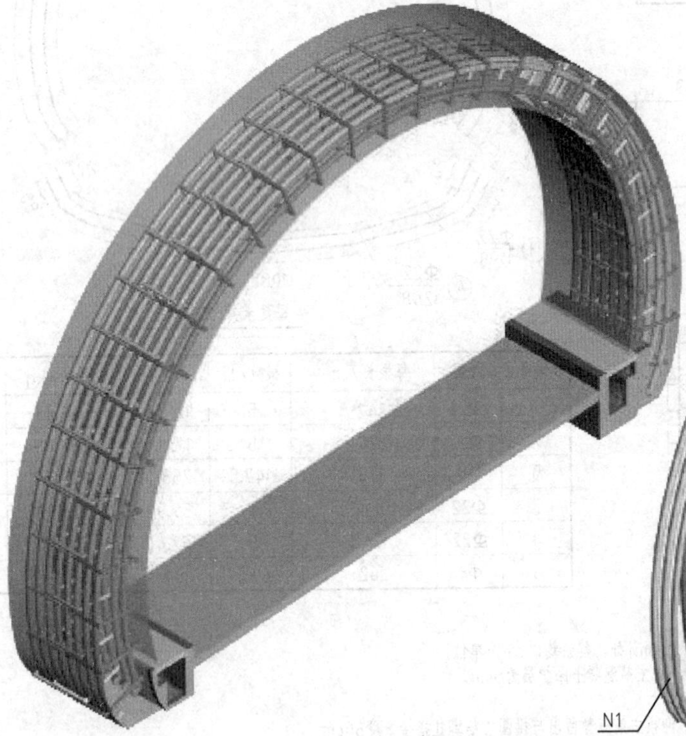

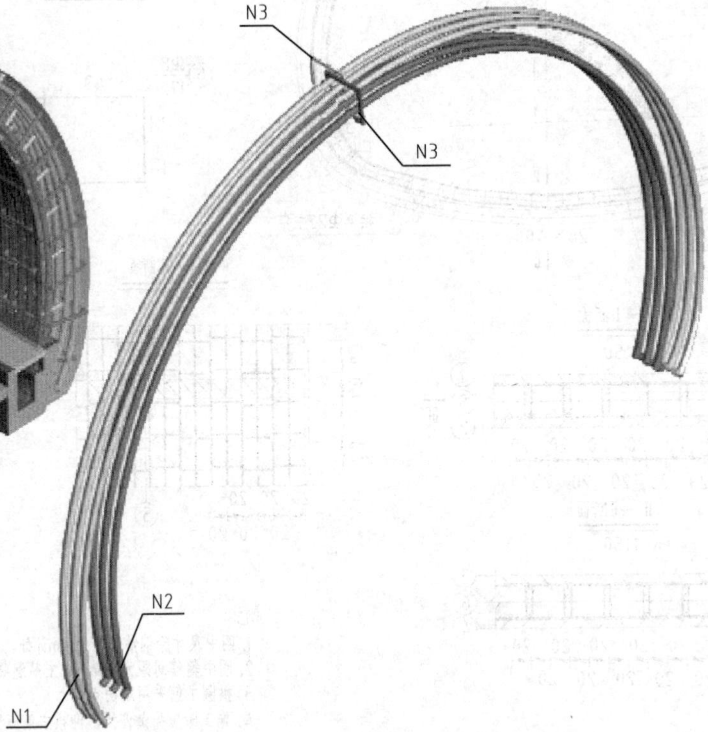

11-5 （二）Ⅲ级围岩段二次衬砌钢筋设计图

Ⅲ级围岩段二次衬砌钢筋设计图
1:100

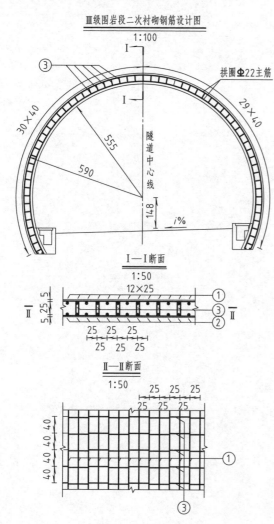

拱圈 Φ22 主筋

I—I断面
1:50

II—II断面
1:50

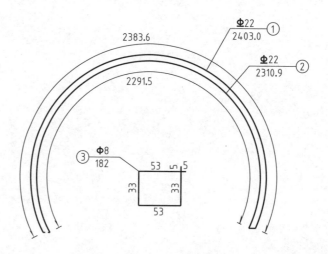

每延米衬砌钢筋数量表

序号	规格	每根长 /cm	每延米根数 /根	每延米总长 /m	质量 /kg	总质量 /kg
1	Φ22	2403.0	4	96.1	286.4	561.9
2	Φ22	2310.9	4	92.4	275.5	
3	Φ8	182.0	120	206.4	81.6	86.3

附注:
1. 本图尺寸除钢筋直径以 mm 计外, 余均以 cm 计。
2. 图中环向箍筋间距为40cm, 主筋混凝土保护层为5cm。